1
2
3
5
6
8
9
10

1
2
5
4
5
3
11
15
10
8
7
12
9
13
14

6
1
5.
2
4
7
8
9
11

1
2
3
4
5
6
7
8
9
12
13
14
15
16
17
18

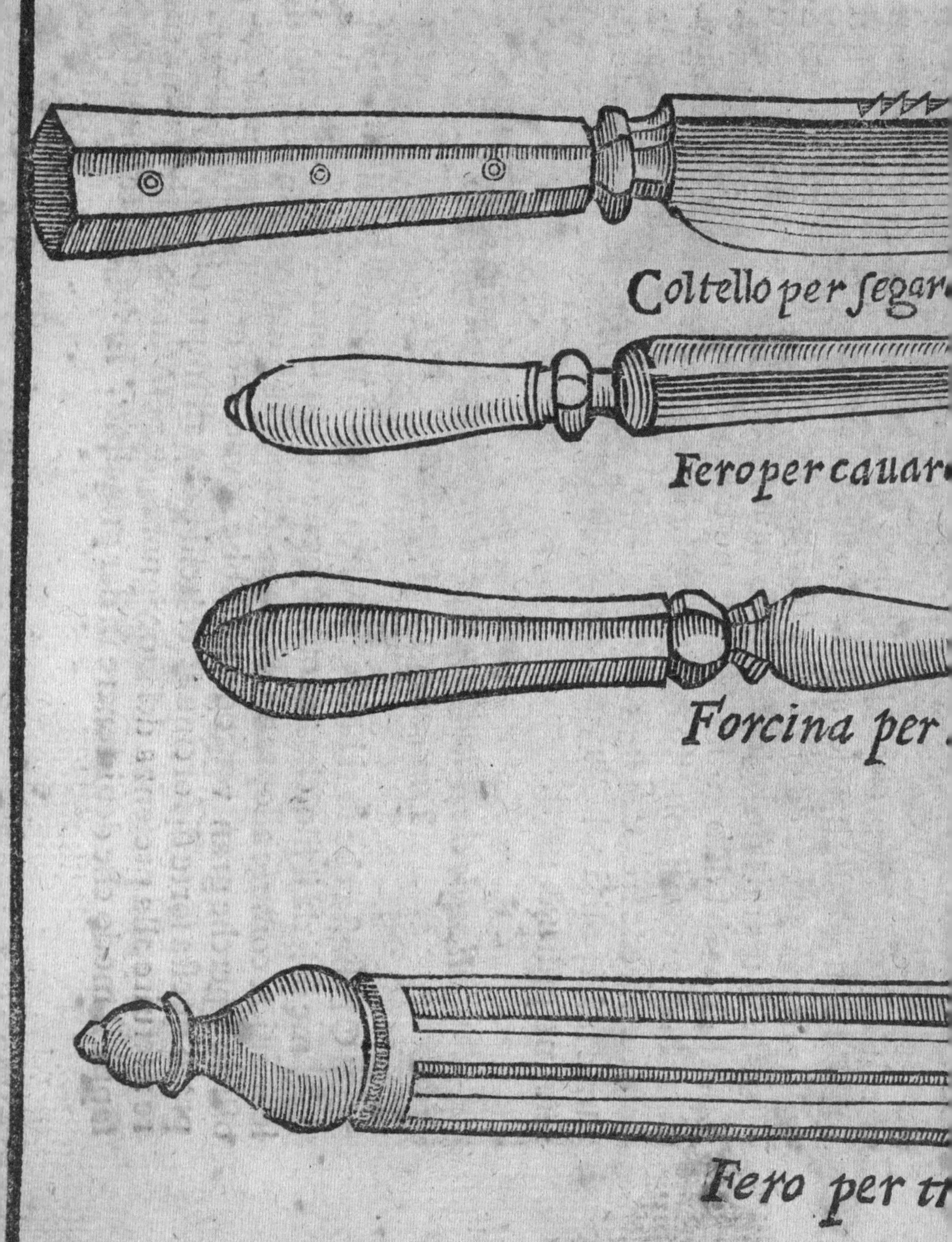

Coltello per segar
Fero per cauar
Forcina per
Fero per tr

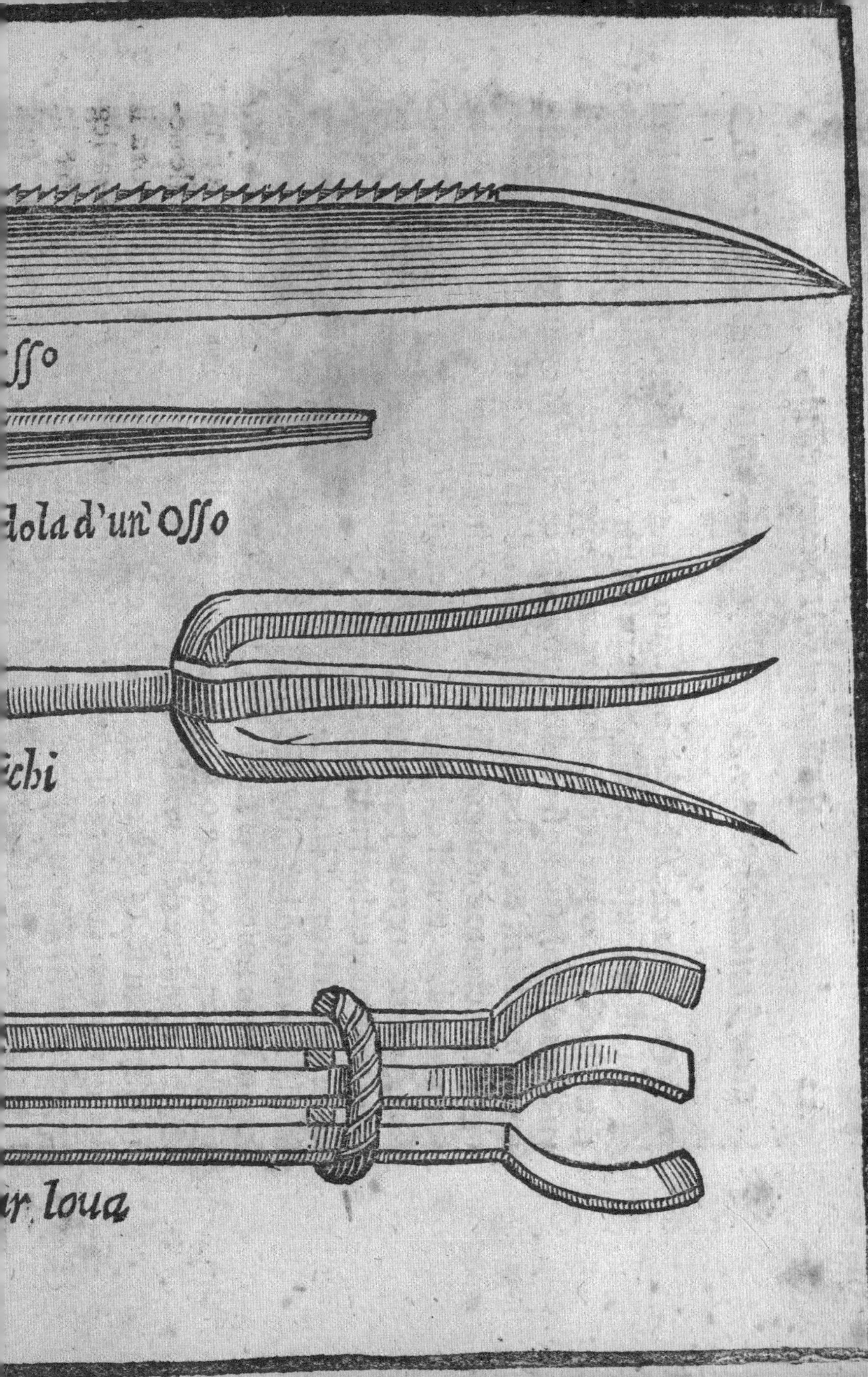

ſſo

dola d'un' Oſſo

chi

r. loua

I.
Balſamina fœmina.
III.
ndica fructu luteo rubescente.
II.
Balsamina Mas fructu

FOOD FIGHTS & CULTURE WARS

如何正确阅读一本
中世纪的食谱

A SECRET HISTORY OF TASTE

[美] 汤姆·尼伦 ——著

王丽蓉　胡妮　胡爱国 ——译

金城出版社
GOLD WALL PRESS
中国·北京

图书在版编目(CIP)数据

如何正确阅读一本中世纪的食谱 / （美）汤姆·尼伦著；王丽蓉，胡妮，胡爱国译.
—北京：金城出版社有限公司, 2021.2
ISBN 978-7-5155-1480-2

Ⅰ. ①如… Ⅱ. ①汤… ②王… ③胡… ④胡… Ⅲ. ①饮食-文化史-世界-中世纪
Ⅳ. ①TS971.201

中国版本图书馆CIP数据核字(2020)第056583号

如何正确阅读一本中世纪的食谱

作　　者 [美] 汤姆·尼伦
译　　者 王丽蓉　胡妮　胡爱国
责任编辑 岳　伟
责任印制 李仕杰
责任校对 王寅生
开　　本 710毫米×1000毫米　1/16
印　　张 15
字　　数 245千字
版　　次 2021年2月第1版
印　　次 2021年2月第1次印刷
印　　刷 小森印刷（北京）有限公司
书　　号 ISBN 978-7-5155-1480-2
定　　价 68.00元

出版发行 **金城出版社有限公司** 北京市朝阳区利泽东二路3号　邮编：100102
发 行 部 (010)84254364
编 辑 部 (010)64391966
总 编 室 (010)64228516
网　　址 http://www.jccb.com.cn
电子邮箱 jinchengchuban@163.com
法律顾问 北京市安理律师事务所 18911105819

序言

民以食为天。

因为20世纪后半叶，工农业的蓬勃发展，我们普通人，快要忘记这句话的意味了。毕竟，20世纪后半叶的物质极大丰富后，我们人类忙着消费电影、服装、游戏、书籍、房屋、汽车等各色精神食粮，很少考虑到：在人类之前的漫长岁月里，食物才是驱动一切的动力。

许多民族为了一口吃的，不惜长途迁移。农耕与游牧这两种取食方式的不同，导致了不同种类的文明。达·伽马去到印度，最初是为了香料。哥伦布去到新大陆，现在看当然是改变了南北美洲的文明，但那时航海家带回欧洲的，是烟草、番茄和香辣料。

汉文帝说农为天下之本。务农为了什么呢？为了口吃的呀。

是的，在人类漫长历史上，食物是真正的核心。人类历史围着食物旋转而摇摆不定。民众为了填饱肚子，贵人为了调整口味。食物是生命的源泉，是摆谱来获取优越感的工具，是能改善身心的药剂。对某些人而言，甚至是生活本身的目的。

一定有崇尚精神的人，会嘲笑为吃而生活的人们——那是因为他们都吃饱了，还不知道食物如何左右着人类的历史与命运。

本书的有趣之处大概在于：针对许多我们觉得久已熟悉、觉得理所当然的食物，给出了一些历史背景。我们看到它们是如何从自然产物镶嵌进了人类文明，如何演变衍生，甚至如何改变我们的习惯。

每一份食物的历史，都是人类的历史。反过来，现代之前的大部分人类历史，也无非是食物的历史。

民以食为天，但天其实只是虚造的神祇。说到底，食物才是人类真正的神。我们虔诚地、温柔地、细致地对待食物，就是对生命本身的歌唱了。

张佳玮

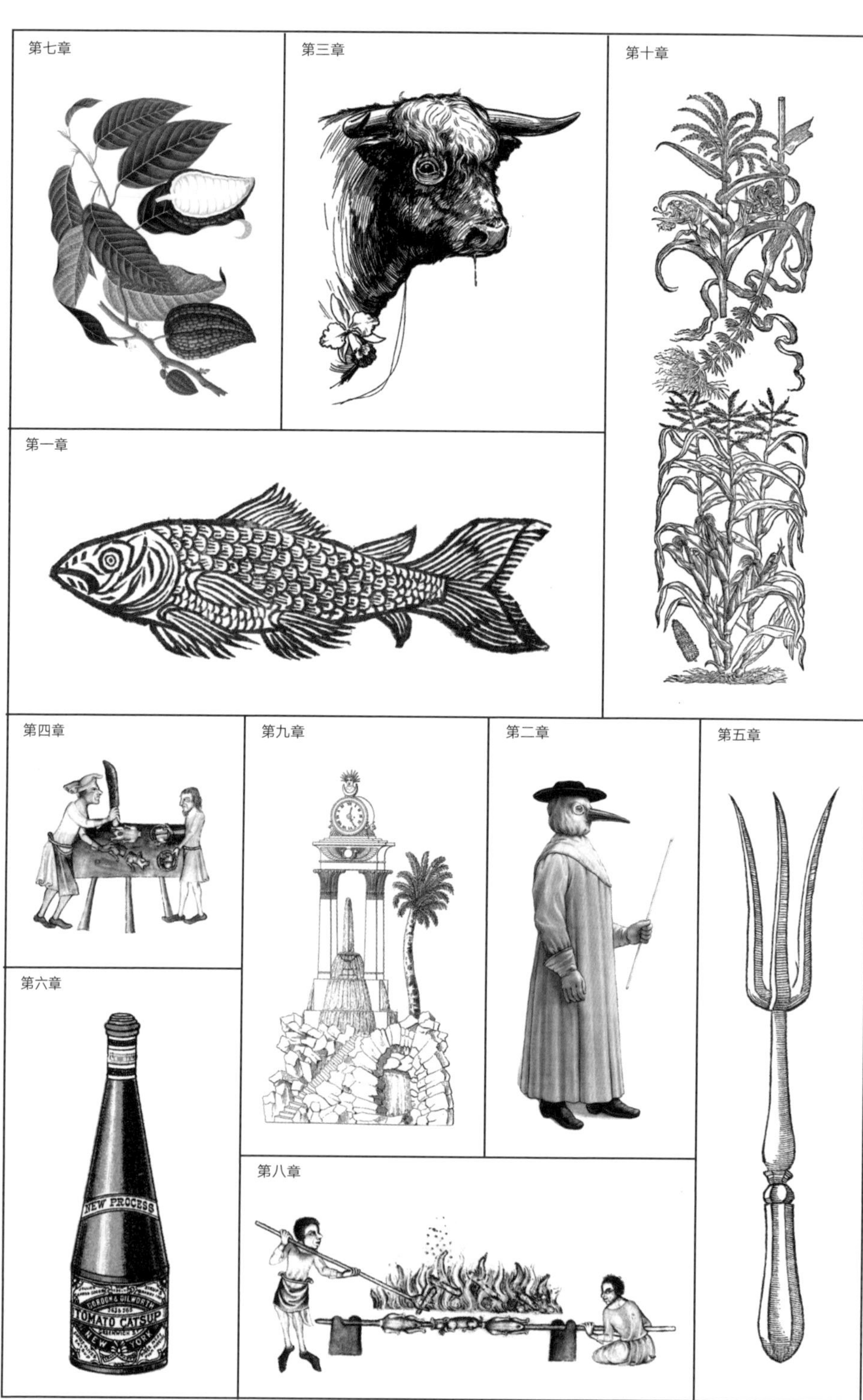
第七章
第三章
第十章
第一章
第四章
第九章
第二章
第五章
第六章
NEW PROCESS
TOMATO CATSUP
NEW YORK
第八章

目 录

引言

虽然我是如此酷爱美食，但当初深深吸引我的却是美食背后的谎言和计谋。大约十年前，我萌生了这样一个想法：尝试着把杰弗雷·乔叟在《坎特伯雷故事集》（约 1390 年）一书中提到的每一种食物都烹制出来。我想这是因为我对书中那个卑鄙下流的厨子罗杰特别感兴趣。他把馅饼中的肉汁弄出来，再拿到二手肉汁市场上去卖，赚了不少钱。我之所以想这么做，还有另一个原因，那就是：在经历了一连串糟糕的餐馆营生之后，我在马萨诸塞州的波士顿开了一家二手书店，想把经营二手书店和开餐馆的生意放在一块儿来做。在为这个计划做准备时，我做的第一道菜是按照 13 世纪的食谱烹制的鸡肉。具体做法如下：先把鸡骨头取出来、清洗干净并放进锅里煮开，再将其包回鸡肉里，最后油炸定型。这样烹制好的鸡肉看上去就像一只完整的鸡一样。

长久以来，研究中世纪晚期（大约从 1300 年到 1500 年期间）的美味佳肴一直都是我的一种业余爱好。那时候的食物与我们现在的食物截然不同：似乎每道菜里都有斑鸠、羊肉、壶装蜂蜜酒和猪油。因香料贸易而出现了大量实验性的奇葩菜色，菜品的配方也在不断地求变、求新。我曾经将大米淀粉和杏仁奶搅拌在一起，烹制了一个奇特的原始奶冻，还按照

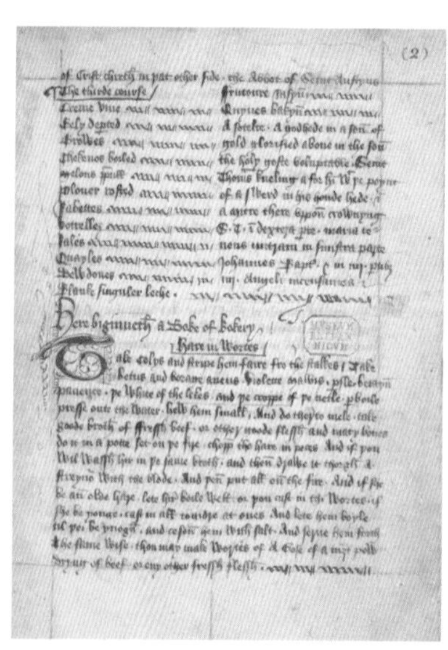
(2)

The thirde course

Here biginneth a boke of kokery

Hare in wortes

《烹饪之书》（约 1440 年）。该书收藏于大英图书馆，是现存的大约 50 部中世纪食谱手稿之一。图中展示的第一个食谱是“香草野兔肉”。

14 世纪的食谱手稿烹制过一道叫作“莫托里奥”的猪肉碎。我原本还想找一只孔雀，将其剥皮、烘烤，再把之前剥下来的皮包回到烤好的孔雀肉外面。这样，整道菜看起来就像是一只放在盘子上的活孔雀，只不过这只孔雀一动不动。可惜我没能如愿以偿，因为宰杀孔雀显然是违法的。我还为此亲自去过迈阿密，想在那儿试试，因为那里的住宅区随处可见自由奔跑的孔雀，但是最后我还是没法动手掐死任何一只孔雀。在烹制和撰写了几十道早期的烹饪书中所记载的菜肴，且举办过几次令人难忘的奇葩宴会之后，我对食物发展史的兴趣更加浓厚了。由于受到互联网的强烈冲击，卖二手平装书的生意已经不如寻觅稀有的古书好做了。于是，我开始收购我能找到的最好的范本，希望能够整理出一个稀有的早期烹饪书的发行目录（尽管这种希望有几分渺茫）。

虽然食物在我们的生活中占据着举足轻重的地位，但是相关的历史记录却非常的零碎。只有一本 4 世纪左右的古代烹饪书流传下来，另外，还有一些描述宴会情形的相当随意的文字（2 世纪末时的古希腊人阿特纳奥斯的著作《欢宴的智者》以及其他一些小文本）。在 14 世纪到 17 世纪的文艺复兴时期，烹饪书开始记载欧洲精英们的一日三餐，但相关的历史文献资料依然有着巨大的空白，即使关于当时的皇室膳食的内容也是如此。在各大帝国的起起落落中，即使人类的发现、开发和投机等行为往往与食物息息相关，但历史记录却常常忽略了与日常饮食相关的故事，香料贸易、制糖业以及火鸡迁徙计划等殖民活动就是很好的例子。1623 年，安汶岛

宴会前的准备。出自《勒特雷尔诗篇》（1325—1340）。

上爆发了一场（规模非常小的）战争，其起因就是丁香供应。历史文献虽然记录了这场战争，却没有提到为什么人们对丁香的钟爱程度超出了它本身的货币价值，竟然为了它大肆杀戮。塞缪尔·佩皮斯（1633—1703）和约翰·埃韦林（1620—1706）等日记作家兼历史学家们偶尔也对他们自己以及同时代的人们所吃的食物或者新开的餐馆做过极具价值的记录。但即使是他们，也没有详尽地描述当时的人们正在吃些什么食物，也没有提及食物对于人类的意义。食物无处不在，却又难觅踪迹，迷失在其无所不在的实效中。

结果就是，各种解释这些新食物来源的稀奇古怪的故事如雨后春笋般地冒了出来。厨师们通常自己也不清楚真相，只好编造食物的来源，而且往往还添油加醋。由此一来，这些新食物的发明经常被描述为一个个美妙的错误：蛋黄酱是在一次宴会上为模仿奶油而发明的；巧克力被吹进了炖肉里，就创造出了墨西哥的墨里酱料；新鲜奶酪被丢弃在洞穴里，于是变成了洛克福乳酪；牧羊人观察到他们的山羊吃了咖啡豆后变得活泼好动，这才发现了咖啡豆的效用；杏仁拿破仑酥则是为了超过威灵顿牛排而被发明出来（实际上，最后这个故事可能来自伍迪·艾伦于 1975 年拍摄的电影《爱与死》）。之所以出现了这些故事，都是因为食物，尤其烹制食物的过程，从未存在过连续性的记录，而是被放置到了历史之外的一个虚构

（上左图）丁香树，选自《简述扎卡里亚斯·瓦格纳三十五年间的航行》，收录于丘吉尔的《航行和旅游简史·第 2 卷》（1732 年）。

（上右图）辣椒，选自巴西利乌斯·贝斯勒的《艾希施泰特的花园》（1613 年），该书被誉为史上最为精美的植物图集。

的世界之中。

我认为最明智的做法就是查清事情的来龙去脉。然而，我发现烹饪书中记载的内容比我预料的还要怪异，也更缺乏条理。自 20 世纪以来，我们习惯于期望食谱提供精确的食材用量和烹饪时间，也期望食谱介绍的菜肴不应只是试做版本，而是经过作者改良和完善后的成果。然而，面对印刷术诞生后的最初 400 年里出版的食谱，抱有这样的期望是毫无益处的。

最早印刷的烹饪书在 1475 年出版，只比 1454 年左右出版的《古腾堡圣经》晚了一点点，其内容不出我们所料。巴托洛梅欧 · 萨基（1421—1481）撰写的《论正当娱乐和健康》一书中记载的内容几乎全是未经测试的食谱，而且大都源自马蒂诺大师（生于 1430 年左右）的《烹调艺术》。马蒂诺是 15 世纪西方世界最著名的厨师，而被称为伊尔 · 普拉蒂纳的萨基实际上甚至连厨师都不是，只是个在梵蒂冈的出版界有一些人脉的巡游人文学者（他还撰写过一部关于教廷的历史）罢了。伊尔 · 普拉蒂纳在马蒂诺的食谱中添加了源自传统的关于饮食和药物的建议，编撰了这本食物全书。15 世纪除了这本书以外，1498 年，4 世纪的罗马美食家阿比修斯的手稿《关于烹饪》被印刷出版。但是，到了 16 世纪，开始出现了一些混合饮食和药膳的奇怪的、含有烹饪术的秘籍。

长久以来，秘籍都是以手稿的形式存在着。从有文字书写以来，人们就试图将一些技巧及配方记录下来，包括如何制作颜料、如何清洁纺织品、如何调制香水等日常生活琐事，还包括如何配制春药、如何治疗瘟疫以及如何腌制香肠等。这些书籍背后的理念是：通过到处旅行、观察和归纳各种现象，人们能够更好地了解我们生存的这个世界。这样的理念对 18 世纪欧洲启蒙运动时期的科学产生了巨大的影响。最受欢迎的秘籍有两本。一本是吉罗拉莫 · 鲁谢利撰写的《皮埃蒙特牧师梅斯特 · 亚历克西斯的秘籍》。该书在 1555 年首次出版于意大利，且在随后的 200 多年里被多次再版（法语版本出版于 1557 年，英语版本出版于 1558 年）。另一本是法国药剂师兼占卜师米歇尔 · 德 · 诺特达姆，又名诺查丹玛斯（1503—1566）撰写的秘籍。该书出版于里昂，出版时间也是 1555 年。在因预言而成名之前，诺查丹玛斯便开始为撰写秘籍收集食谱。书中有整整一个章节的内容与果酱和果冻有关，其中包括一款极其复杂的奇异果酱。据说这种果酱非常美味，“足以让女人爱上你”。秘籍广受欢迎，以至于过了很长一段时间之后，烹饪才不再具有神秘主义色彩。因此，在 16 世纪的欧洲，

人们很难判断食物和药物究竟哪一个才是更为迫切需要关注的问题。

照理说，16 世纪应该会出现大量与从美洲引进到欧洲的全新食材相关的文字食谱。土豆、西红柿、辣椒、南瓜、火鸡、玉米，以及那些新大陆豆类（除了大豆、蚕豆、鸡儿豆或称鹰嘴豆之外的几乎所有其他的豆类）都在 16 世纪流传到了欧洲，但是，令人感到吃惊的是，这些食材对当时出版的食谱几乎没有造成什么影响。到底发生了什么事呢？有些新的食材没有在短时间内流行起来。豆类似乎有些神秘，西红柿和土豆同为茄属植物，被怀疑与曼陀罗及颠茄等熟知的欧洲茄属植物一样有毒而遭到排斥。在这一点上，欧洲的农民并非完全是错误的：所有的茄属植物的确富含生物碱（尽管对于可食用的植物来说，其生物碱的含量并未超出安全范围）。最著名的生物碱就是尼古丁。尼古丁在烟草中的含量较高，但在西红柿、土豆、茄子等一些茄类蔬菜（源自亚洲，很晚才被北欧人接受）中的含量则较低。玉米虽然在美洲很受欢迎，但在大西洋彼岸却没有很快盛行开来，因为欧洲人已经把小麦、燕麦、大米和大麦作为主食了。同属于茄科的辣椒对欧洲人的口味来说有点太过浓烈（但是，当葡萄牙探险家们将其带入亚洲时，辣椒却很快被那里的人们接受了）。只有火鸡大受欢迎，但即便如此，它也不得不与其他家禽一争高下。然而，伟大的早期现代烹饪书之一，文艺复兴时期大名鼎鼎的意大利厨师巴托洛梅欧·斯卡皮（约 1500—1577）于 1570 年所著的《烹饪歌剧》一书中的确收录了一个令人

（上左图、上右图，右页图）中世纪时期的厨房里忙碌的场景。该组版画出自巴托洛梅欧·斯卡皮的《烹饪歌剧》（1570 年）。

Molinello a fumo
fogone alto

愉悦的南瓜乳酪派的食谱。

现在，我们已经习惯了有各种各样的食物可以选择，却忘记了在过去，吃是一件非常严肃的事情，必须从试验和错误中吸取教训。在欧洲种植的作物是历经数千年驯化的成果，而吃错东西的代价往往非病即死。然而，除了斯卡皮的著作和马克思·伦波尔特著于1581年介绍德国伟大烹饪术的《新烹饪食谱》之外，16世纪出版的其他烹饪书大多是抄袭古文献中的食谱记录和饮食书籍，并将它们混杂在一起的怪异结合体，全然没有提及任何新的食材。但是，这并不代表这些烹饪书没有影响力。《埃普拉里奥》，即翻版后的马蒂诺食谱，于1516年在威尼斯出版（直到17世纪还

厨房场景。出自克里斯托福罗·迪·梅西斯布格的《盛宴：美食与排场的结合》（1549年）。

宴会场景。出处与左页图相同。

在大量再版），其原文（并非普拉蒂纳的改写之作）于1598年被译成英文，书名为《意大利宴会》。书中收录的一个食谱介绍了如何烘焙一种比较劲道的馅饼皮。根据书中的记载，你可以通过馅饼皮底部的一个孔塞进去二十四只活生生的乌鸫鸟（但没有警示语提示，鼻子有可能被啄伤）。几个世纪以来，各种各样的烹饪书被翻译成了各种各样的语言，它们的影响一次又一次地跨越了国界，但在不同的地方所代表的意义却不一定相同。从17世纪中期到19世纪初，在意大利占据主导地位的法国食物对意大利而言有着什么样的意义呢？法国大厨兼糕点师朱尔·古费撰写于1868年的《厨艺之书》大受欢迎，每种欧洲语言都有译本，但在各地的意义却各

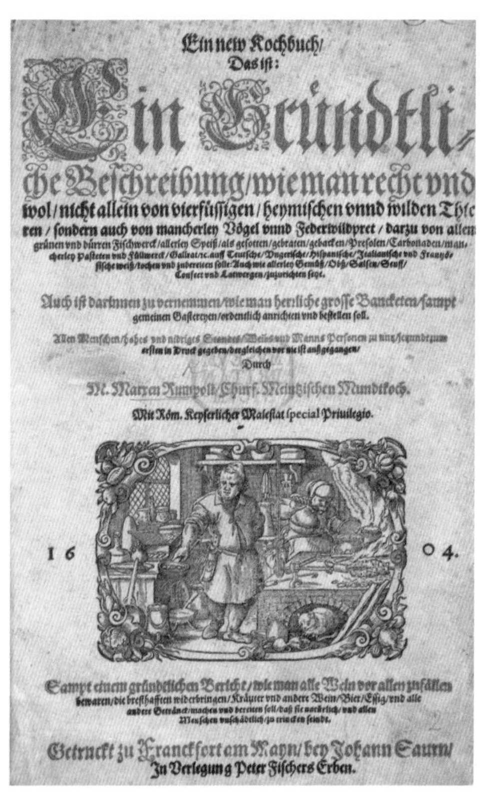
Ein new Kochbuch/
Das ist:
Ein Gründtliche Beschreibung/wie man recht vnd wol/nicht allein von vierfüssigen/heymischen vnnd wilden Thieren/sondern auch von mancherley Vögel vnnd Federwildpret/darzu von allem grünen vnd dürren Fischwerck/allerley Speiß/als gesotten/gebraten/gebacken/Presolen/Carbonaden/mancherley Pasteten vnd Füllwerck/Gallrat/rc. auff Teutsche/Vngerische/Hispanische/Italianische vnd Frantzösische weiß/kochen vnd zubereiten solle: Auch wie allerley Gemüß/Obß/Salsen/Senff/Confect vnd Latwergen/zuzurichten seye.

Auch ist darinnen zu vernemmen/wie man herrliche grosse Bancketen/sampt gemeinen Gastereyen/ordentlich anrichten vnd bestellen soll.

Allen Menschen/hohes vnd nidriges Standes/Weibs vnd Manns Personen zu nutz/jetzundt zum ersten in Druck gegeben/dergleichen vor nie ist außgegangen/

Durch

M. Marxen Rumpolt/Churf. Meintzischen Mundtkoch.

Mit Röm. Keyserlicher Maiestat special Priuilegio.

16 04.

Sampt einem gründtlichen Bericht/wie man alle Wein vor allen zufällen bewaren/die bresthafften widerbringen/Kräuter vnd andere Wein/Bier/Essig/vnd alle andere Geträncke/machen vnd bereiten soll/daß sie wackerlich/vnd allen Menschen vnschädlich/zu trincken seindt.

Getruckt zu Franckfort am Mayn/bey Johann Saurn/
In Verlegung Peter Fischers Erben.

《新烹饪食谱》（1604 年出版的版本）。马克思·伦波尔特著。

不相同。在尼德兰，它是一本异国烹饪书；在意大利，它是高级新式法餐名厨马里－安托万·卡雷姆（1784—1833）所做法式菜肴的说明书；在墨西哥，它成了墨西哥菜系的一个组成部分，被中上层阶级视作“烹饪圣经”。西方的烹饪书很少提到新食材，也没有反映新食材被接受的速度和受欢迎的程度。然而，实际情况是怎样的呢？

我徜徉在这些书籍之中，追溯着各种食材的历史：从其开始出现到普及，再到被忽略，直至完全消失。在经过仔细研读之后，我发现这些古书既古怪又复杂，且书中出现的细节既多变又奢侈。有些食材犹如野火一样广为蔓延：在中世纪时，杏仁和白糖从中东地区进口后，突然出现在了每一个（上流社会的）食谱之中；与此同时，藏红花的扩展速度如此之快，就好像皇家法令规定了所有的食物都必须是黄颜色的一样。而有些食材却是费尽周折才熬出了头：现在备受喜爱的西红柿直到 1680 年左右才得以出现，且直到 18 世纪才成为人们经常使用的食材。许多关于食物遭遇的事件未被记录下来，于是没有留下任何永恒的痕迹：所有证据都被吞进了肚子里，都被遗忘了。

虽然大部分烹饪书是由男性撰写的，但绝大部分的菜肴却出自女性之手。几个世纪以来，厨艺一直笼罩在愚昧无知之中，也把女性排斥在外。就这样，多少伟大的厨师和美味佳肴被淹没在了历史的长河之中？我们失去了多少辉煌的进步、巧妙的技巧和食材的搭配？在英国，有些烹饪书是由女性撰写的，后来在美国也出现了女性撰写的烹饪书。然而，早期的读者们往往是那些家境殷实的女性。要不然的话，即使这么微不足道的不同声音，也应该有助于英国和美国抵制法式菜系的强势影响。弗朗索瓦·皮埃尔·德·拉瓦雷纳（1615—1678）撰写于 1651 年的《大厨弗朗索瓦》一书永远地改变了烹饪，为各种高级菜系奠定了基础。虽非天才之作，但这的确是一本非常优秀的烹饪书籍：它恰好成了第一部整合欧洲自文艺复兴时期到启蒙运动前期所掌握烹饪知识的作品。法国菜超越了其他欧式高级菜系，取而代之成了一个在上流社会中常见的烹饪词汇。18 世纪，意大利出现了第一本区域性的烹饪书，英国也出现了一大批伟大的烹饪书（通常由女性撰写），美国的第一本烹饪书也面世了。在英国，汉娜·格拉斯（1708—1770）的著作《简易烹饪艺术》（1747 年）和伊丽莎白·瑞福

《简易烹饪艺术》（约 1775 年刊印的版本）的卷首插图。汉娜·格拉斯著。题记写道：

那些智慧的美人经常查阅此书，从中习得精明的烹饪技巧，她的餐桌摆满美味佳肴，不仅健康，还体现着节俭的美德。

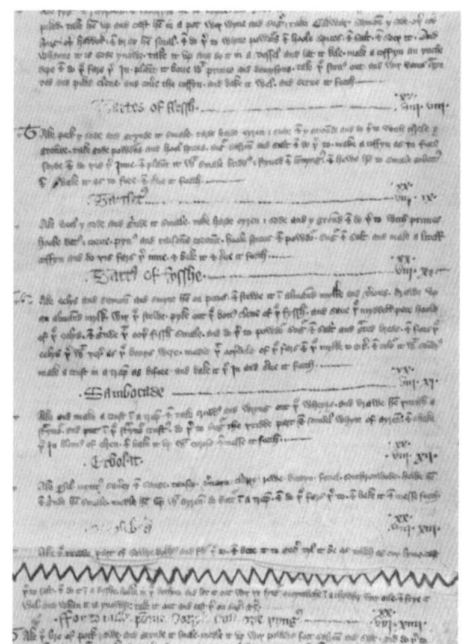

（上左图）《烹饪的方法》（写作时间约为 1377 年至 1399 年）。

（上右图）《皇家糕点和糖果全书》（1874 年）的卷首插画。朱尔·古费著。

德（1733—1781）的作品《经验丰富的英国管家》（1769 年）尤为重要，为英式食物赢得了一席之地，也为伊莎贝拉·比顿夫人（1836—1865）的畅销书《家务管理手册》（1861 年）奠定了基础。《家务管理手册》对当时的食谱进行了汇编，并指导维多利亚时期的中产阶级们有序地管理他们的家庭。

这些烹饪书都在讲述着关于食物的故事，但讲述的内容却因阶级、性别、种族和地域的不同而千差万别，也因此漏洞百出。对于菜品和食材的来源通常只字不提，即使有所提及，也极有可能是捏造的。著名的法国作家大仲马（1802—1870）一定意识到了这一点，因为在其著作《美食大辞典》（1873 年）中，他试图为杂乱无章的法国食物发展史整理出一个清晰的脉络。这是一部长达 1155 页的鸿篇巨制，书中记载了大量的食谱、老故事和大仲马自己新写的奇闻逸事。作品虽然妙趣横生，却令人费解，而且为了追求语言的诗意而牺牲了内容的准确性。在关于松露的记录中，大仲马不但没有提供任何事实依据，还暗示松露与神明有着直接关系。书中甚至还传达了错误信息，告诉我们火鸡是法国商人雅克·克尔在 15 世纪时从土耳其带回来的。显然，大仲马已然意识到了食物史上留下了很多空白，并试图填补这些空白。但他采取的方式主要是重复那些荒诞的故事，而非讲述真实的历史——即便这些荒诞的故事是如此的引人入胜。

很快，这些空白和违反直觉的事实迫使我开始研究其他珍稀的书籍：像老普林尼的著作《博物志》（1 世纪）和贝尔纳尔·迪亚斯·德尔·卡

作者自答：

① 因为法国人决定把早期的西班牙食谱据为己有。

② 也许。

③ 谢谢，大仲马！

④ 殖民主义。

斯蒂略（1492—1585）的著作《征服新西班牙信史》这样的历史书籍。前者收录了包括独角兽、亚特兰蒂斯和蛋黄酱等在内的古典知识，而后者提到了一个使用西红柿的食谱，这比西红柿首次出现在烹饪书中的时间早了一百多年。蛋黄酱应该是1756年法国人在米诺卡战役中获胜后才意外发现的，那么，老普林尼怎么会提到蛋黄酱呢？① 法国人真的是为了夺取西班牙的蛋黄酱配方而发动的七年战争吗？② 既然火鸡来自美国，为什么被称作“turkey”呢？③ 为什么与巧克力辣酱这道墨西哥国菜（假使墨西哥有国菜的话）的起源相关的故事都发生在西班牙人抵达墨西哥之后呢？④ 于是我开始着手寻找这些问题的答案，然而我找到的答案往往显示，食物史大多是捏造出来的。

所有这一切都使我觉得，肯定可以找到某种方式，让食物回归到历史叙述之中，让我们生活中那些没有正确的史料记载的食物与历史事实达成一致。在阅读像拿破仑这样的人物的传记时，我们肯定会和作者一样，认为只要是发生在那个伟大的矮个子男人周围的历史事件，多多少少都和拿破仑本人脱不了干系。既然是为了讲述他的故事，而且他是如此之重要、他的影响如此之深远，那么，我们当然认为在拿破仑有生之年期间发生的事情都受到了他的存在的影响。这一点甚至不必大声说出来：历史的塑造者和历史本身之间本就存在着一种交互作用。即使托尔斯泰的《战争与和平》（1869年）完全不认同历史是由伟大的个人所创造出来的这种观点，但避而不谈这个问题反而证明了拿破仑的存在：这就像一个黑洞，正因为他的不存在，我们才能推断出他的存在。当阅读这类传记时，我们会达成一种默契，觉得这个世界就是因为有了这些主角才会转动。如果过分强调某个角色在其周围发生的事件中的重要性，这将改变我们的全部观点，无论这样的改变是多么的微不足道。

我们怎样才能将食物从其日常存在中升华，而非只是毫无意义地空想呢？谈论君王们的盛宴，或者被冲上遥远海岸的麝香味水果，总是比谈论真实的食物容易得多。第一本深受世界各地的历史重现者和中世纪研究者们喜爱的英文烹饪书出现于14世纪晚期，书名为《烹饪的方法》。这本书写于乔叟时代，所以，当我想要重现乔叟笔下的某些食物时，这是我查阅的首选书籍。但就和几乎所有的早期烹饪书一样，这也是一本皇室食谱集，是由理查二世（1367—1400）的御厨们编撰的。其他早期的烹饪书也大同小异：13世纪初法国著名的烹饪书《肉食集》（书名原意大致是“泰

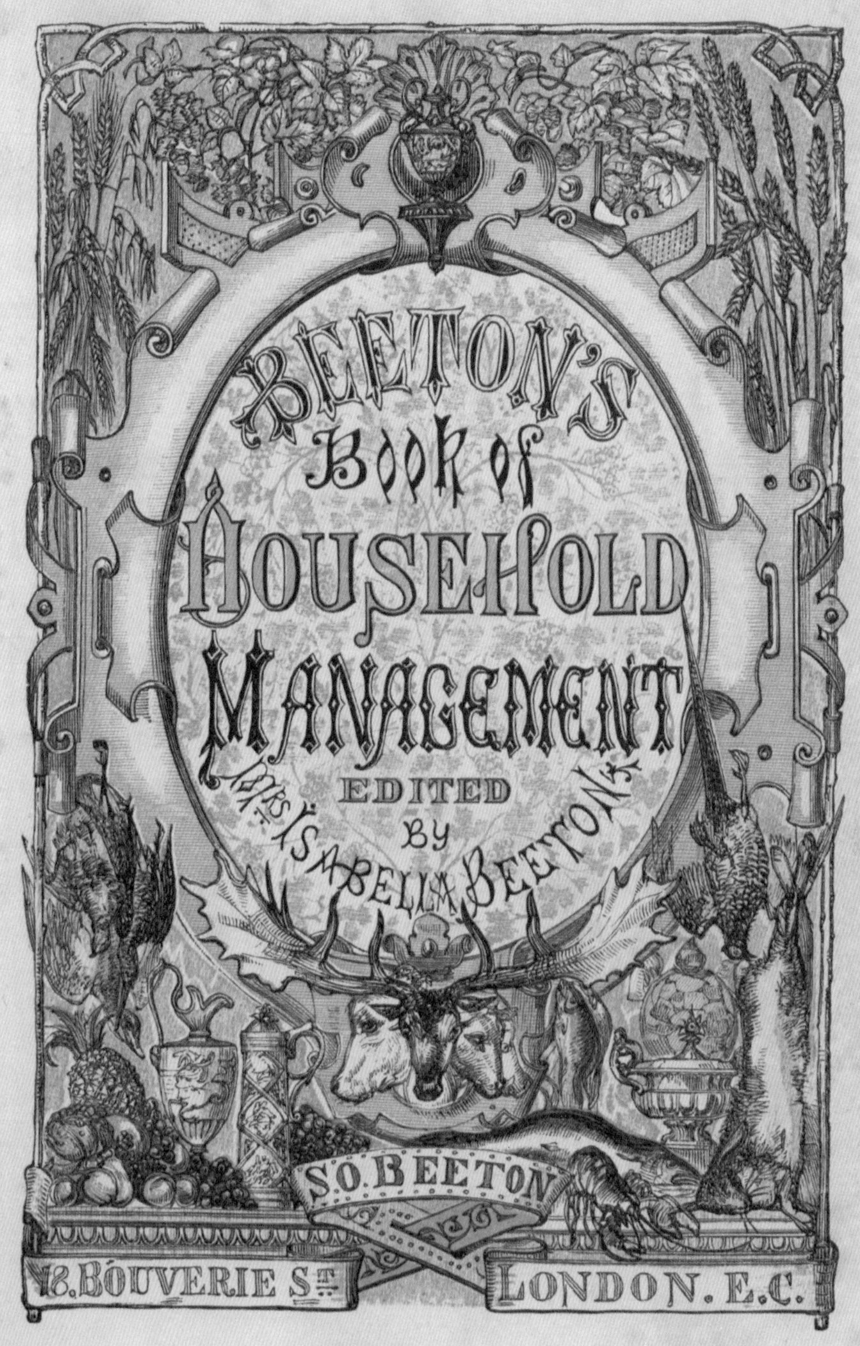
BEETON'S
BOOK OF
HOUSEHOLD
MANAGEMENT
EDITED
BY
MRS ISABELLA BEETON
S.O. BEETON
18, BOUVERIE ST.
LONDON. E.C.

乐冯的肉类专家”）是王室御厨专为瓦卢瓦家族的国王们所撰写的；《烹饪歌剧》是一部了不起的意大利烹饪书，作者巴托洛梅欧·斯卡皮与梵蒂冈有着密切的关系并充分利用了这层关系；还有一本优秀的早期德国烹饪书，也是一位神圣罗马帝国选举产生的王子的御厨编撰的。类似的例子不胜枚举。和历史一样，正餐往往是因为富人而存在的。我的目的在于，在避免过度夸张的前提下提升食物史的地位，还原食物在历史中应有的位置。这意味着理论将不得不跨越一些未知的鸿沟。

21 世纪，我们似乎畅游在食物的海洋中：海量增加的烹饪电视节目、慢食运动、明星厨师、层出不穷的烹饪书、纸杯蛋糕、对谷蛋白的谴责等都是有力的证据。我们花在吃上的时间并不多，却花费了大量的时间去想象正在享用美食；我们花在烹饪上的时间也不多，却花了大量的时间去冥思烹饪。我们被食物所包围，淹没在食物中，所以对于食物就不那么关注、也不再那么痴迷了。我们对于食物的专注，就像疑病症患者对健康的关注一样：既沉迷而又不满足，因为，不管看到过多少集烹饪节目，我们的肚子都不会感到饱足。

历史上发生的战争、新发现和恐怖事件转移了我们的注意力，就像魔术师把硬币变出来又变没了一样。因此，每每一到关键时刻，我们就找不到食物的踪迹。似乎谈论每天怎么填饱我们的肚子是多么的难登大雅之堂一样，这类记录常常被引往别的方向。只有当军队的补给被切断时，或者饥荒降临时，人们才愿意回到这个话题上。我们不禁感到好奇：当局势不是那么紧迫时，人们在一日三餐中会吃些什么呢？以下章节将讲述许多和食物相关的故事。希望这些故事能填补食物史上遗留的一些空白，纠正食物史记载中的一些失当之处。

（左页图）《家务管理手册》（1859—1861）。伊莎贝拉·比顿夫人著。虽然比顿夫人本人还不到三十岁就去世了，但她的著作却在英国烹饪史上占据了大半个世纪的主导地位。

PERA
pera
Porta del meso
Portus sed destruc
precepto teucrorũ

第一章

鲤鱼

平民十字军东征的战果

在 5 世纪，随着罗马帝国的瓦解，大部分不识字的欧洲公民陷入了长期的蒙昧状态，忘记了他们曾经熟知的艺术、建筑、室内管道工程，甚至农事。罗马中央政府淡出和贸易网络收缩后，战争和反复的瘟疫使他们饱受折磨，城市人口日渐分散。人们渐渐遗忘了在罗马帝国统治下获得的知识和技能，如此一来，欧洲的状况实际上比被罗马帝国占领前更为糟糕。

罗马人将众多新技术引入欧洲，鱼类养殖也是其中之一。他们在池塘和水道中养殖鱼类以获取食物。各种各样养殖的鱼类，特别是狗鱼和鲷鱼，为欧洲的老百姓提供了他们急需的蛋白质，也使得饮食种类更加多样化。鱼类养殖越来越普及，对整个罗马帝国的公民产生了巨大而持续的影响：鱼是一种很容易捕获的优质食物，同时也为地方贵族提供了税收。西罗马帝国灭亡后，西方世界的养鱼业逐渐消失了。尽管如此，艺术、建筑和室内管道工程却在东方世界继续发扬光大。

西罗马帝国灭亡大约 6 个世纪后的 1095 年，在法国克莱蒙特召开的会议上，教皇乌尔班二世呼吁全世界的基督教国家拿起武器，从穆斯林手中夺回耶路撒冷。他不久前收到拜占庭皇帝阿列克谢一世的一封来信，请求他援助抵抗土耳其人蜂拥而至的入侵。不过，十字军东征的想法其实已经酝酿好几年了。但要说服成千上万名没有受过良好教育、装备不足、未

（篇章页左图）君士坦丁堡。出自克里斯托福罗·布隆戴蒙提的《爱琴海诸岛之书》（1482 年）。

（上左图）圣安东尼和一位圣安东尼之火的受害者。出自汉斯·冯·戈斯多夫的《战场外伤治疗法》（1551 年）。

（上右图）出自塞蒂米别墅的罗马帝国时代的鱼马赛克画（公元前一世纪）。

经训练且营养不良的农民穿越亚洲，去征服一座陌生的城市，的确并非易事。因为事实上，在西罗马帝国覆灭以来的大约五百多年的时间里，耶路撒冷已经不再是一座基督教城市了。

同年早些时候，圣安东尼兄弟会医院组建了一个得到教皇乌尔班二世认可的宣教会，专门治疗当时被称为“圣安东尼之火”的麦角中毒者。麦角中毒在中世纪的欧洲广为蔓延，它是由于食用了大量感染一种叫麦角菌的谷物而引发的。在被麦角菌感染过的谷物中，麦角菌取代了谷物的营养核。麦角菌中含有麦角酸，因此麦角中毒的症状包括抽搐、头痛、呕吐、狂躁以及产生幻觉等。随着病情的发展，麦角酸会使血管收缩，患者还会出现坏疽症状。中世纪的农民们不了解感染的原因，所以情况一年比一年严重。时至今日，我们偶尔还会听闻麦角菌造成小麦收成减少十分之一的消息。通常以啤酒、汤、面包为主要食物来源的农民们一直处于饥饿的边缘。但是直到17世纪晚期，初期疯癫和缺乏蛋白质之间的联系才被人发现。

根据作者不详的《法兰克人的事迹》（约1100年）一书的记载，教皇乌尔班二世的演讲引发了饱受“疾病、饥饿、干渴和其他（不幸）”折磨的欧洲农民们的共鸣。教皇给穆斯林罗织了种种暴行，如剖开基督徒的身体获取其藏在皮层下的财富、对基督徒进行催吐以便取得其腹中的财物

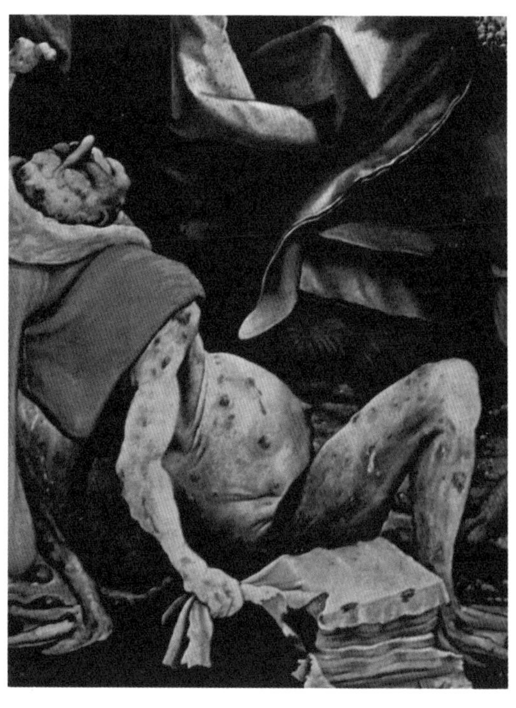

麦角中毒的患者。这一画面出自马蒂亚斯·格吕内瓦尔德绘制的《伊森海姆祭坛画》中的《圣安东尼的诱惑》（1510—1515）场景。

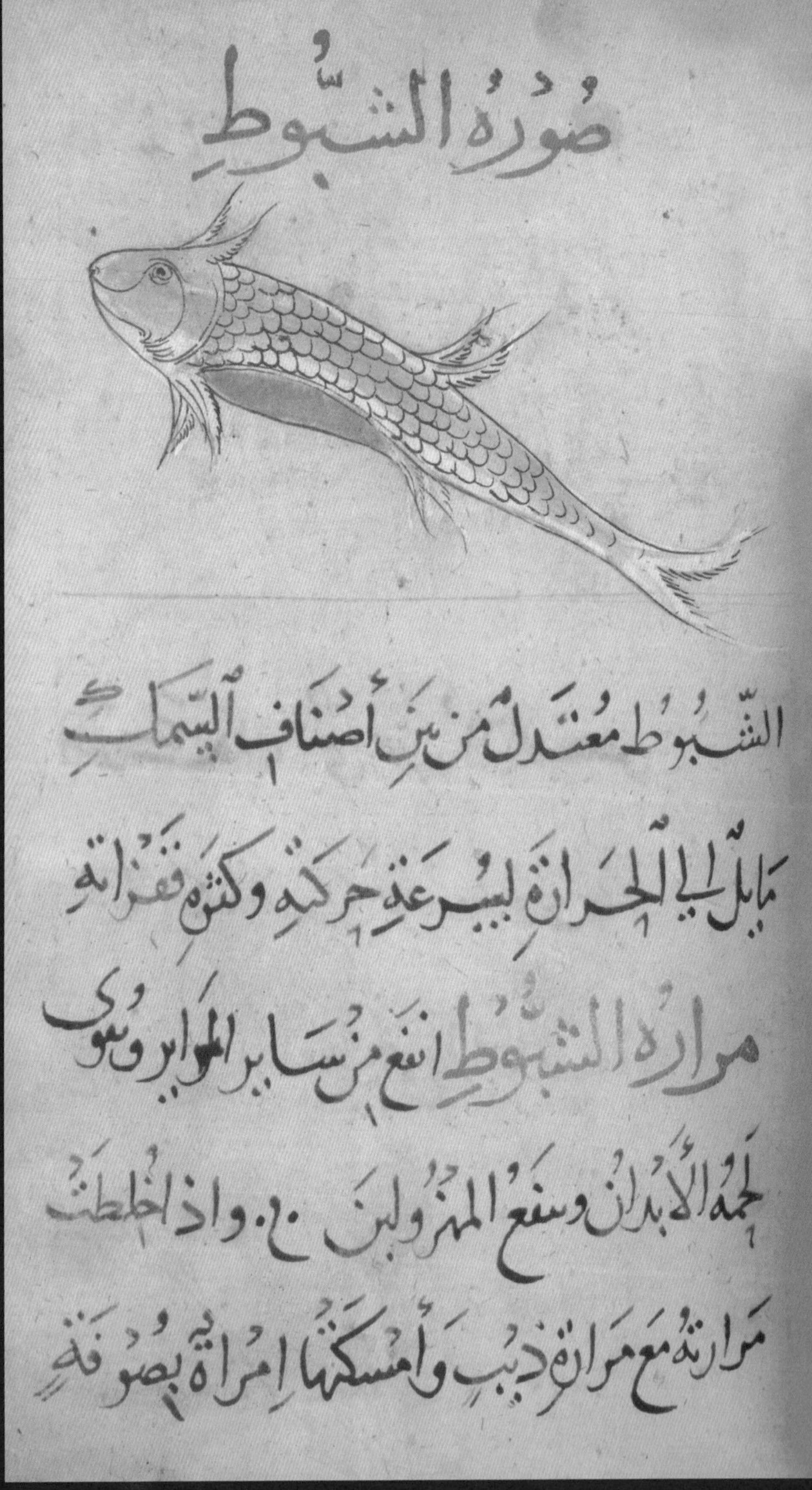

一条鲤鱼。出自伊斯兰动物寓言集《动物特征全书》（13 世纪）。

逾越节圣餐仪式上的满桌盛宴。出自德系犹太人的《哈加达》(约 1460 年)。

鲤鱼和燕子（约1644—1753）。中国清代苏州木版画。

丁鲷、拟鲤、江鳕和鲤鱼（1637 年）。出自一本弗拉芒画集，作者不详。

等。他的意图在于将在欧洲蔓延的、因麦角中毒而引起的饥饿和疯癫归咎于穆斯林。然而，颇具讽刺意味的是，当时欧洲大部分地区还在黑暗时代中蹒跚前行，甚至离发明餐叉还差 400 年，而伊斯兰世界正处于历史上一个科学、数学、医学和工程学的全盛时期。在那个时候，穆斯林更有可能发现麦角中毒的治疗方法，而并非是欧洲人感染任何疾病的幕后黑手。

伊斯兰世界的实用科学和医学，及其（稍微）更为平等的理想，使其人民的饮食更为优质，也更加多样化。鱼类养殖，尤其是鲤鱼养殖，可能是罗马人留下来的一项创新技术。鲤鱼是一种繁殖力强、生长快速的杂食物种，最先驯养于中国。鲤鱼能够在各种环境中生存，即使被塞进一个盛着水的罐子里，只需喂食餐桌上的剩菜剩饭，它们也能存活好几个星期，这使得鲤鱼的养殖者携带它们远行成为可能。

在西方，除了来自中欧和东欧的阿什肯纳兹犹太人以外，人们对鲤鱼一无所知。（尽管鲤鱼出了名的多刺，而且犹太人禁止在安息日剔除鱼刺，但人们发现鲤鱼密集的小刺里富含胶质，经过熬煮、浓缩和过滤后，这些小刺会形成一种叫作鱼冻的美味的胶状物。人们还可以往剩下的鱼皮里塞进食材，做成被称作鱼丸的传统犹太菜肴，现在多做成丸子或圆子，不再含有鱼皮。因此鲤鱼的多刺反倒成了一大特色，而非缺点。）鲤鱼在东方世界广为流传，这导致了东西方在蛋白质摄取量上的巨大差异。

Godescalcus capelas prezicans
la saneta crozada en alamanha
el aiustet e congreguet .xv. m.
persones per passar lo mar. e apres
op el pres son camin. aquestas
gens quan foron el rieg dungaria
lor fo auciante que elh podian
penre las causas que trobavon
a lor plazer. e adonc elh comenseron de penre e de raubar lo
bestial daquela tera. e las femnas preiron e forsero elhs
homes feriro e maqueiro e aquel pays malamen nafriron
e rauberon. e com ayso fos dih al rey daquela tera el
fes armar grans gens dins quada part de son regne
e mes .i. castel el mieg de son regne aquels malfachors
el encontret. e comandet que hel layrinas que portavo de pan sesso. Apres quant los uiro
de sarmatz, que lor crueilmen sen brunieron. e no feiro neguna distinctio ni deferencia del mal ni del bo. e am per paucs
tuh per glazi aqui moriro si que petitz nescaperon lhi
qual fugiron en lor tera e lay aquestas malas novelas
elh recomtero. Apres .i. petit de temps una gran
moltetz de gens sens evesques governador saiustet. aquestas gens preiron lor camin. e entre aquels ero moutz barons e especialmen entre lo coms entre lo coms apelatz
emicon. lo qual era dalamanha. empero daquestas gens
moutz daquels eron malvatz e perverses e mal fazian lor
fazendas. quar non era quilh corregis. aquestz passero per
colonia e per alamanha e per franconiam e per bavaria en
tro als regnes dungaria. el qual luoc los pas lor fo contrastatz, e moutz aqui foron mortz. E apres lo comte
emicon en sa tera sen tornet, lhi baro de fransa als autres sa companhero.

Duc lo gran frayre del rey de fransa elh comte de normandia e de flandre elhi autre autre camin preiro.
e en autra companhia foro. E lavesque
del puey e ramon coms de .S. Gili.
aquestz per la tera dytalia en polha
sen aneron. Boamon lo qual ma
lhi assetiava. auzen laucimen
de tan gran princeps. le princeps de tarenta am totas sas gens la crotz pres. Entre aquestas
causas hue lo grans am sa companhia. del port de ba
ro aduraci passet. lo qual lo duc daquel pres. e tramet
lo alempador de costantinoble quar lempaire avia
comandat que tuh lhi pelegri fosso detengutz entro
quelh aguesso aluy fah homanage de quo que per
amar elh aguerris.

Godofre el meh luoc del mes daost
son camin pres per passar am luy
moutz baros e moutz comtes.
E lavesque de montaguet amb
els. camda la mort dels pelegris
la qual era fucha .ij. vetz el tra
mes al rey dungaria fos legatz
e sas letras. e aqui mereys lo rey
recup en ostatges e als legatz
donet mandas e autras causas necessarias. e el cami
el anar que hue lo gran fo pres e tramecen messatges
al rey per la deliurancio de luy. mas re no acabero. Empero per
glazi e per fuoc e per preyzas daus totas partz elh la tera
de caulero. e ala fi lempaire costrichs trustotz los en en

ceratz dels terres lhi qual al loc de Godofre corregron. E apres moutas batalhas fachas, Godofre fah amic del empador e proprias collateralh e avant fo fah defensor del emperaire. E lempador
et aluy moutz dos no estimables cascuna setmana
donet aluy sumas de peccunia. de la festa de
entro ala sencio lhi pelegri quant elh auziro
novelhas quel lautre baro venien e ayso auziro
comensamen del mes de mars. lhi dih pelegri
de .S. Gorgi passero e en bithunia sen aneron e los
gras pauzero entre la ciotat de calcedonia entre lo
zada. e podian anar a costantinoble .ij. vetz o
.iii.

Robert coms de flandres
ins del port de barri passet,
per lempador fo convidat. e
lempaire anet, coma los autres
tras sas fazendas espedis e
sen anet. E apres .i. petit de temps
venguero lhi messatge del
de tholoza e de lavesque de
zens que ab lor ost portian
e arribar a costantinoble.

Ramon coms de .S. Gili
za e .ij. avesques am mo
tes e de baros a companh
e per dalmacia entro durra
ron. e sostenguero en la vi
fracha um de victualia e g
de tribulacios e de raubad
envazidors e cum elhs pa
bulgaria lavesque del p
se sequestret e se parti e fo pres. Apres fo retent
prop ayso elh daqui partiro per tholomeu e ma
el coms fo convidat quel anes alempador el com
alempador. e la vehet als autres la ost. mas en
tr de lempaire no vole far homanatge. E adon
ayre fo mout rescostamen comandet la ost del co
frar e moure. la qual crotz portavo
baros que lor mar avian passat reprezero lemp
tracio per letras e per messatges. e adonc lempair
queric Boamon. el comte de flandres ve
entre lempaire elh dih comte dizens que ngen
de penre nenguna ni pedrero. E retornet alemp
aluy homanatge e adonc lempaire maiors do
que neguns dels autres en tal maniera que aqu
quals aqui ero se meravilhero. e donet als ba
als quals avian passat lo bras de .S. Georgi. no
E quant li baro agron fahitz lors negocis en b
als autres baros sen aneron.

E quant lhi baro foro a
outra lo bras de .S. Georgi
aneron vas nissa
lo duc de normandia elh a
de a costantinoble vengron
qui avian als autres baros
stero e foron en la ostz .vi.
zos e de cavaliers. E
ayso Solimar lo qual era
de la regio sen anet en las
has luenh de .x. milhas. E
la ost dels crestias
el sestudiet sobdamen e

so es a dire que lo Rei Lor reque
ri securitat ho finansas quelh
crestia passesso per la tera del Reis
plenamen senes mal far.

第一波十字军被普遍称为平民十字军，但称其为“饥饿十字军，令人恐怖的暴徒”可能更为贴切。这支十字军由5万多名农民组成，其中大多数人装备简陋。领头的是一位名叫彼得的赤脚隐修士，他来自法国北部的亚眠，以鱼和酒赖以为生而闻名。据说，几年前，彼得造访君士坦丁堡期间，另一位同样酷爱吃鱼的人，来自拿撒勒的耶稣，在耶路撒冷的圣墓中向他显灵，并鼓励他对十字军布道——或许还鼓励他将养殖鲤鱼的秘诀从圣地带回欧洲并将其作为一种“吗哪”（吗哪，意为神赐的食物）。

在隐修士彼得精彩布道的鼓动之下，在他亲眼看见耶稣显灵的启发之下，平民十字军在欧洲大陆平静地穿行，经由匈牙利，最终抵达了金碧辉煌的君士坦丁堡。这样说简直是在开玩笑。他们一路掠夺、抢劫、谋杀、破坏，毫无顾忌地尽显暴力、贪婪和反犹太主义：迫害那些绝大多数不好战、手无寸铁的犹太人，把他们当作新仇恨对象土耳其人的替罪羊。如果十字军的目的只是为了填饱肚子，那么他们就应该到此为止了。受边缘地位所迫而不得不发展平行经济的欧洲犹太人，在几个世纪前就已经把鲤鱼养殖的秘诀从亚洲带到了欧洲。如果注意到犹太人在自家后院的池塘里养了什么，十字军原本应该偷上几尾鲤鱼，打道回府，挖个池塘，安安心心地填饱肚子。

然而，他们没有这样做，而是继续着他们的暴行，最后终于抵达了当时基督教世界的最东边。在那儿，他们见识到了君士坦丁堡的富饶与美丽——精美的教堂和建筑物展现在他们面前。当法国牧师，来自沙特尔的富尔彻——也是编年史作家兼耶路撒冷第一任国王的顾问——随着大部队到达君士坦丁堡时，对这座城市进行了这样的描述：

> 哦，多么优秀而美丽的城市！如此多的修道院，如此多的场所，堪称精妙之作！城里的大街小巷遍布着了不起的作品！这里的商品各种各样应有尽有，金器、银器、各式各样的披风、圣物，举不胜举。一年四季，商人们频繁出海，把人们可能需要的一切东西带到这里。

（左页图）第一次十字军东征中骑在马背上的骑士。左上角的小图可能是彼得鼓舞部队士气的画面，出自鲍利诺·维纳多的《大年表》（约1323—1350）。

（10~11页图）在池塘里钓鲤鱼。出自温琴佐·切尔维奥的《切肉术》（1593年），这是文艺复兴时期很有影响的一本关于分割肉类的书，其中演示了如何使用流行的新式餐叉。

面对君士坦丁堡的宝藏，十字军更是展现了毫无节制的贪婪，他们加倍地掠夺、毁灭和玷污这座城市。看到自己写给教皇乌尔班二世的信招致了一群如此暴怒、无法控制的暴民，阿列克谢一世连忙下令征用船只将十

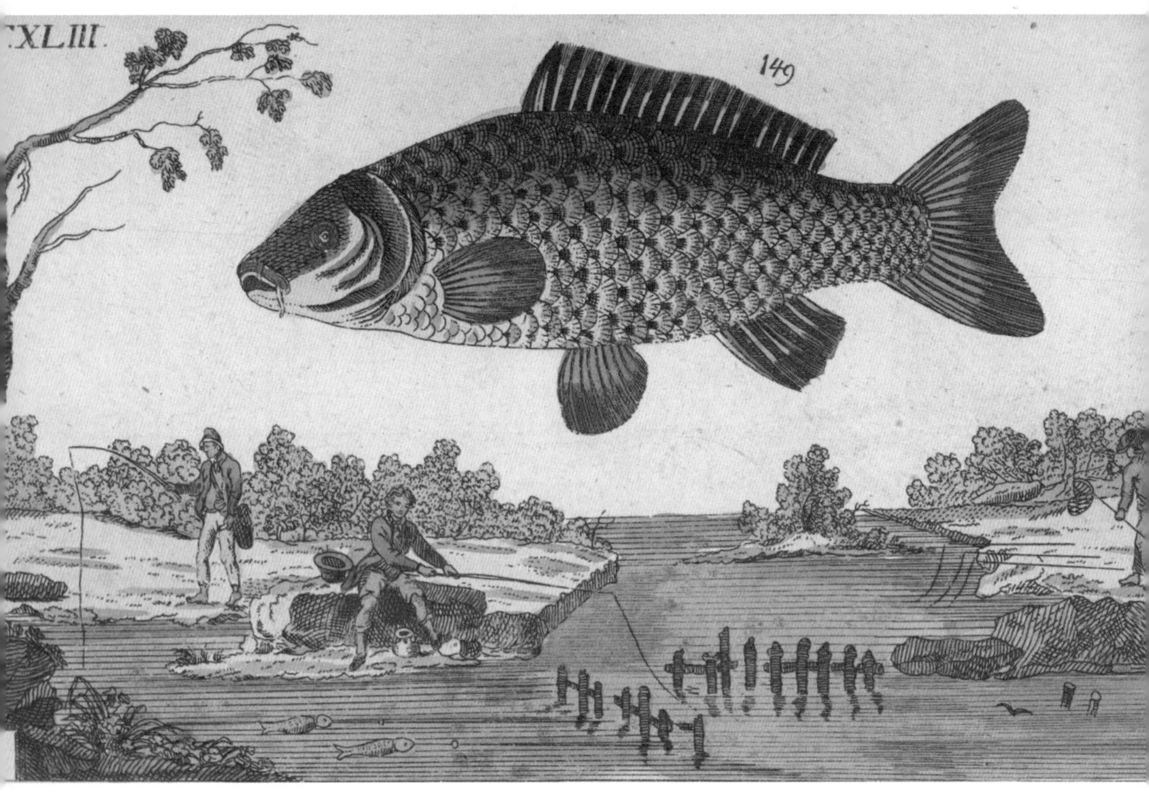

字军运出了君士坦丁堡。他们穿过博斯普鲁斯海峡，并在那里安营扎寨，等待增援，再对君士坦丁堡发起攻击。

目睹了土耳其村庄的日常生活后，这群基督徒遇到了其他的基督徒，他们惊讶地发现，原来这里的基督徒虽然被课以重税，但并没有受到过特别的虐待。他们从没有因为藏在皮肤下的银子而被活剥，也从未因藏在肚子里的金子而被催吐，更不会因为拒绝膜拜真主而遭到殴打和焚烧。他们感到惊异万分。然而，十字军已经惯于制造混乱，他们并未因此而产生丝毫的动摇，反而继续抢劫掠夺，无论是对穆斯林还是对基督徒，都同样如此。隐修士彼得虽然自己只吃鱼，他却鼓动手下烹煮和食用倒下的土耳其人，并视他们为“新的吗哪”。这样一来，即使是最贫穷、最孱弱、最无作战力的那部分十字军也可以消灭敌人。

在1096年的西维托战役中，平民十字军东征突然而又可耻地结束了。在此前不久，隐修士彼得曾神不知鬼不觉地回到君士坦丁堡寻找补给。苏丹间谍四处散布谣言，说前方有大好机会，能够大肆掠夺，并必将获得战斗的胜利。十字军备受鼓舞，结果却陷入了土耳其人的伏击，全军覆没。

在河中钓鲤鱼。出自戈特利布·托比厄斯·威廉的《自然历史论述》(1812年)。

彼得逃回了亚眠，肯定带着几壶酒，还有几尾鲤鱼，雄心勃勃地打算在欧洲开创渔业养殖。在接下来的200年里，在鲤鱼的激励之下，一波又一波军人涌入圣地战斗、学习、破坏，当然还有，吃。

回到欧洲后，鲤鱼迅速受到了人们的喜爱，渔业养殖也得以蓬勃发展。由于天主教会禁止在星期五吃肉，因此人们每周都必须吃鱼，再加上在内陆地区要获得海洋鱼类又比较困难，所以，数百年来，营养丰富的鲤鱼成了菜单上的主角。事实上，在整个中世纪，几乎所有的修道院、庄园或小村庄都有自给自足的鲤鱼池。虽然横跨英吉利海峡的时间稍晚一些，但到17世纪英国的烹饪书开始出现时，鲤鱼已经占据了一席之地。

鲤鱼随处可见，但只有犹太人和中欧人（包括波兰人、捷克人和斯洛伐克人等）把鲤鱼当作主食。中欧人还把鲤鱼当作平安夜盛宴的重头戏。虽然在17世纪时，英格兰人和尼德兰人已经开始普遍食用鲤鱼，但是，当欧洲人迁移至北美洲定居时，鲤鱼并没有随着他们流传至弗吉尼亚、马萨诸塞或魁北克等殖民地区。显然，在19世纪初，美洲绝对没有鲤鱼。

直到1831年，鲤鱼才被引进到北美洲。当时，亨利·罗宾逊是一条横跨大西洋的航线的老板，他从法国的勒阿弗尔港出发，在纽约的纽堡放了几十尾在法国孵化出来的鲤鱼鱼苗，不过这应当不是遵从耶稣的指令才做的。勒阿弗尔碰巧是离亚眠最近的主要港口，因此，若要说这些鱼的渊源可以追溯到隐修士彼得时代，这并非完全不可能。虽然伟大的美国马戏团大亨费尼尔司·泰勒·巴纳姆曾试图把将鲤鱼引进美国的功劳据为己有，但大多数学者认为，鲤鱼是因罗宾逊的养鱼塘在暴风雨中漫溢而游入了哈德逊河。

罗宾逊最初引进的鲤鱼被称作镜鱼、无鳞鲤鱼和普通鲤鱼。笔者撰写本书时，大家都在担心鲤鱼将会占据美国的公共水域，尤其是五大湖地区。大多数讨论都与“亚洲鲤鱼”有关。这种新引进的鱼类显然在不受控制地四处蔓延，威胁本地鱼类并且破坏植被。特别是其中有一种银鲤，它们有一种既危险又独特的倾向，那就是在受到机动船惊吓时会猛然跃出水面。但大家忘记了，其实所有的鲤鱼都是亚洲鲤鱼。这些原本为了控制养鱼场的藻类疯长而引进来的侥幸逃脱的新品种，只不过是最近才漂洋过海来到的鲤鱼种类罢了。

鲤鱼在美国的扩散受到了阻挠，第一次是因为墨西哥—美国战争（1846—1848），后来则是因为美国内战（1861—1865）。国家虽然恢复了统一，但是农业却一团糟。南方人特别依赖玉米作为蛋白质的主要来源，

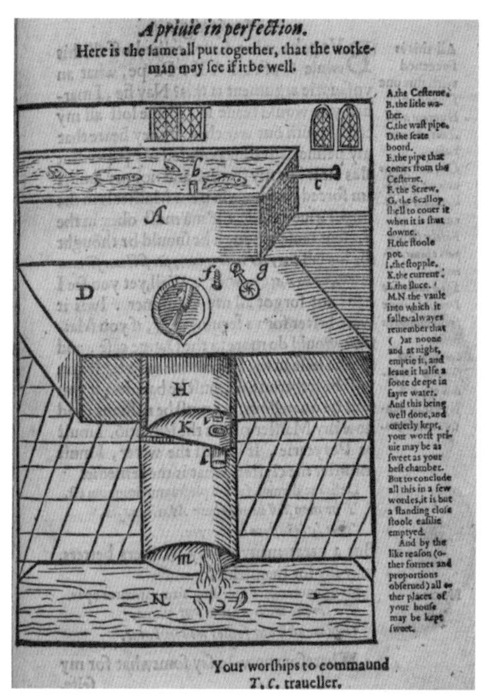

因而引发了癞皮病。这是一种营养缺乏症，其症状包括皮炎、腹泻和失去心智等，和麦角中毒的症状无异。田地荒芜，家人离散。尽管战争已经结束，但南北双方仍然互不信任。

19 世纪 70 年代，希望以培养全国人民对鲤鱼的共同喜爱而使陷入分裂的国家团结起来，美国政府开始进口鲤鱼，主要是从德国（许多人今天仍称其为“德国鲤鱼”），并建造大型的国营养鱼场。到 19 世纪 70 年代末，政府开始发行年度鲤鱼彩票，并将数万条鲤鱼配送至全国各地（仅在 1883 年，301 个行政区中的 298 个共获得了超过 26 万条的鲤鱼）。当代的渔业报道用“一阵热潮”来形容鲤鱼文化，而鲤鱼彩票也总是被超额认购。美国人民乐于化解分歧。当时的情形和现在一样，人们热衷于一切免费提供的东西，渴望得到更多鲤鱼，越多越好。鲤鱼被养殖在池塘、运河、沟渠、沼泽、河流（包括密西西比河在内）、湖泊（它们在伊利湖里生长得特别好）以及各州立养鱼场中。政府发行的鲤鱼宣传手册特别强调了养殖鲤鱼是多么的轻松愉快，并介绍了鲤鱼特别旺盛的繁殖能力，但对于究竟该怎么养殖鲤鱼，却故意用小字印刷一带而过。因此，大家以为光是拥有鲤鱼就足够了。在乡村集市上的金鱼比赛游戏中，小朋友们胆怯地把乒乓球丢进金鱼缸里，只要丢中了，就可以把这个鱼缸带回家。这种金鱼游

（上图）对一种养鱼设备的设想描述。出自约翰·哈林顿爵士的《旧论新说：厕所的变革和创新》（1596 年）。

（右页图）一份制作鲤鱼饼的食谱。出自罗伯特·梅的《厨艺精修》（1671 年）。

To bake a Carp according to theſe Forms to be eaten hot.

Take a carp, ſcale it, and ſcrape off the ſlime, bone it, and cut it into dice-work, the milt being parboild, cut it into the ſame form, then have ſome great oyſters parboild and cut in the ſame form alſo; put to it ſome grapes, goosberries, or barberries, the bottoms of artichocks boild the yolks of hard eggs in quarters, boild ſparagus cut an inch long, and ſome piſtaches, ſeaſon all the foreſaid things together with pepper, nutmegs, and ſalt, fill the pyes, cloſe them up, and bake them, being baked, liquor them with butter, white-wine, and ſome blood of the carp, boil them together, or beaten butter with juyce of oranges.

To bake a Carp with Eels to be eaten cold.

Take four large carps, ſcale them and wipe off the ſlime clean, bone them, and cut each ſide into two pieces of every carp, then have four large freſh water eels, fat ones, boned

戏引起的兴奋正是曾一度风靡美国的鲤鱼热潮所遗留下来的痕迹。

尽管繁殖计划获得了巨大成功，鲤鱼却没能在美国的厨房占据一席之地。在 19 世纪的北美烹饪书中，鲤鱼食谱寥寥无几。即使那些为了迎合简陋的饮食而撰写的烹饪书已经收录了鲶鱼、鲽鱼和鳗鱼食谱，却依然没有提及虽已常见但处理起来相当麻烦的鲤鱼。虽然常常从英国引进烹饪书，但这些书的内容很少提及鲤鱼，且大多参考了法国或者德国的食谱。虽然真正地道的英国鲤鱼食谱在 19 世纪初的烹饪书中时常出现，可是到大约 20 世纪中期时，就通常不再被收进英国烹饪书中了。不过比顿夫人却坚持在她的《家务管理手册》中用了一整章的内容来收录鲤鱼食谱。鲤鱼深受犹太移民和中国移民的喜爱，却一直未在美国成为受欢迎的食材。鲤鱼是杂食动物，繁殖力旺盛，生命力顽强，还常常被认

为不可食用，因此难怪野生鲤鱼会散播得如此之快。1937年，科学家们发现了简单的治愈癞皮病的化学疗法，只需要维生素B3（又称为烟酸）即可。到20世纪初，渐渐地不时兴养殖鲤鱼了。鲤鱼不知道自己已然失宠，仍然继续向前游，只受到喜好冷门运动的钓鱼者们的青睐，因为它们体积大，且很难骗上钩。

美国政府也将大量的鲤鱼送往厄瓜多尔、哥斯达黎加、墨西哥（鲤鱼在该地继续大量繁殖），以及西部的加利福尼亚州。然后鲤鱼又从加州被送往夏威夷，并在那儿得到了中国移民和日本移民的欢迎。就是这些人在约100年前将他们自己的“德国”鲤鱼从亚洲带到了美国。于是，鲤鱼成功地在1000年之内环绕了地球一周，还能在怀卢库如画的灌溉渠内和失散了多年的亲戚们重新团聚。

（左、右页图）位于纽约州喀里多尼亚市的纽约州立鱼苗孵化场。出自罗伯特·巴恩韦尔·罗斯福和塞思·格林合著的《孵鱼和钓鱼》（1879年）。

《双鲤》（1831 年）。葛饰北斋绘，木版画。

La Belle Limonadière.

第二章

柠檬水

无心插柳的鼠疫克星

1668年，沉寂了10年的黑死病在法国再度暴发，对巴黎居民的生命造成了极大的威胁。诺曼底和皮卡第出现了疫情：先是出现在了苏瓦松和亚眠，然后，又可怕地出现在了塞纳河畔、首都下游的鲁昂。人人都知道这意味着什么。就在几年前，在1665年到1666年之间，伦敦因鼠疫失去了10多万人——几乎占其总人口的四分之一。许多人都还记得1630年，鼠疫夺走了威尼斯14万居民中近三分之一、米兰13万居民中近一半的生命。陷于恐慌之中的巴黎公共卫生官员们实施了检疫和禁运措施，以期降低这场不可避免的灾难可能带来的损失，但所幸可怕的鼠疫并没有在巴黎暴发。

笼罩在巴黎上空的这场鼠疫是17世纪欧洲流行病的中间点。后来，鼠疫继续蔓延，导致了维也纳（1679年的死亡人数为8万人）、布拉格（1681年的死亡人数为8万人）和马耳他（1675年的死亡人数为1.1万人）大批居民的死亡。亚眠的死亡人数最终超过了3万，法国几乎没有一座城市幸免于难——除了巴黎，它奇迹般地、几乎毫发无损地逃过一劫。通常

（篇章页左图）《美丽的柠檬水商人》（1816年）。手工上色的蚀刻版画。

（上图）1665年发生的鼠疫。詹姆斯·休利特（约1740—1771）绘，蚀刻版画。

（右页图）伦敦向主呼救祈祷文（约1665年）。

（24~25页图）巴黎地图（1616年）。让·齐亚尔科绘。

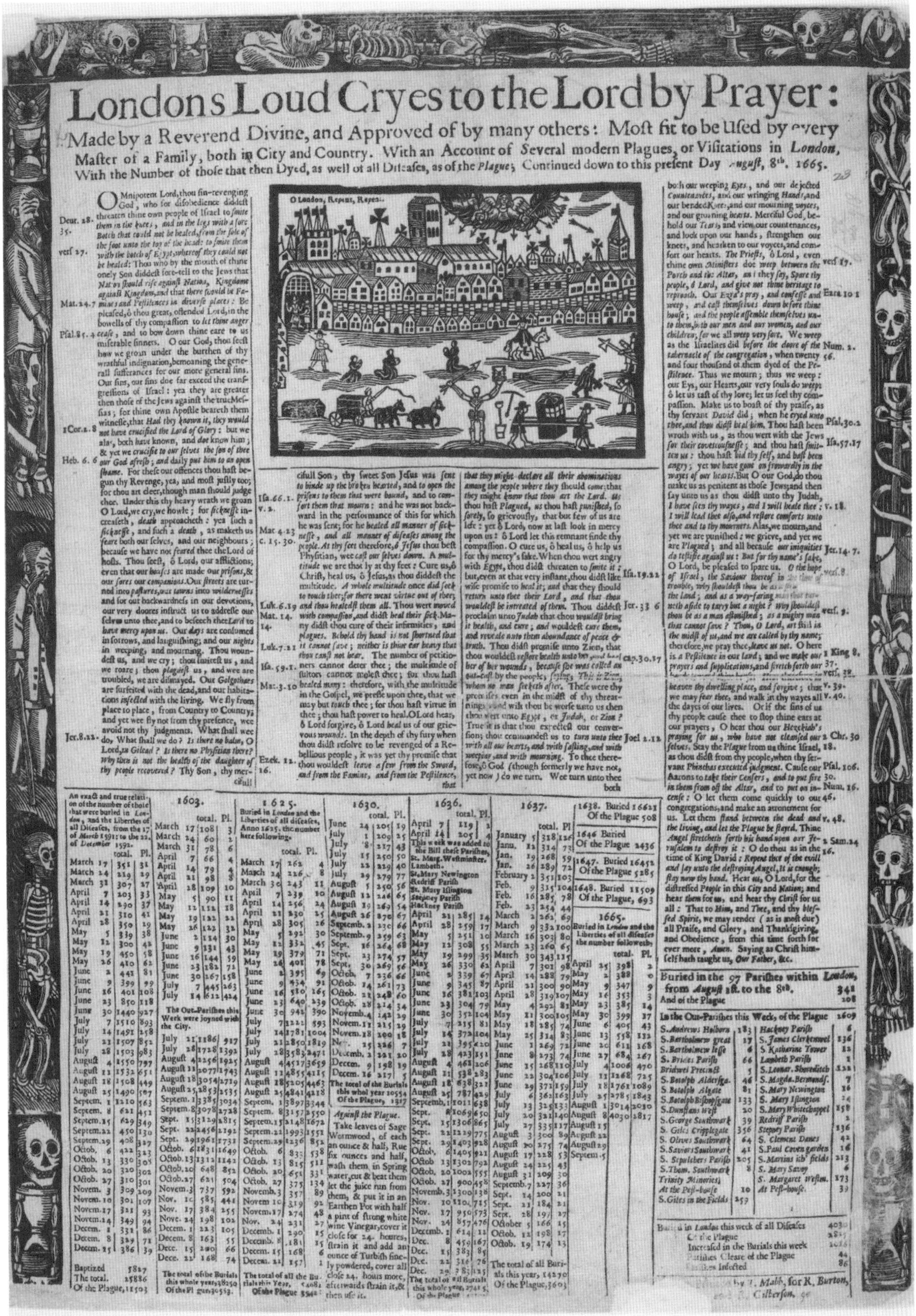

Londons Loud Cryes to the Lord by Prayer:

Made by a Reverend Divine, and Approved of by many others: Most fit to be Used by every Master of a Family, both in City and Country. With an Account of Several modern Plagues, or Visitations in *London*, With the Number of those that then Dyed, as well of all Diseases, as of the *Plague*; Continued down to this present Day *August*, 8th. 1665.

O Mnipotent Lord, thou sin-revenging
God, who for disobedience diddest
Deut. 28. threaten thine own people of Israel to *smite*
35. *them in the knees, and in the legs with a sore*
Botch that could not be healed, from the sole of
the foot unto the top of the head: to smite them
vers 27. *with the botch of Egypt, whereof they could not*
be healed: Thou who by the mouth of thine
onely Son diddest fore-tell to the Jews that
Nation should rise against Nation, Kingdome
against Kingdom, and that *there should be Fa-*
Mat. 24. 7 *mines and Pestilences in diverse places:* Be
pleased, ô thou great, offended Lord, in the
bowells of thy compassion to *let thine anger*
Psal. 85. 4 *cease*, and to bow down thine eare to us
miserable sinners. O our God, thou seest
how we groan under the burthen of thy
wrathful indignation, bemoaning the gene-
rall sufferances for our more general sins.
Our sins, our sins doe far exceed the trans-
gressions of Israel: yea they are greater
then those of the Jews against the true Mes-
sias; for thine own Apostle beareth them
witnesse, that *Had they known it, they would*
1 Cor. 2. 8 *not have crucified the Lord of Glory:* but we
alas, both *have* known, and *doe* know him;
& yet we *crucifie to our selves the son of thee*
Heb. 6. 6 *our God afresh; and daily put him to an open*
shame. For these our offences thou hast be-
gun thy Revenge, yea, and most justly too;
for thou art cleer, though man should judge
thee. Under this thy heavy wrath we groan
O Lord, we cry, we howle; for *sicknesse* in-
creaseth, *death* approacheth: yea such a
sicknesse, and such a *death*, as maketh us
feare both our selves, and our neighbours;
because we have not *feared* thee the Lord of
hosts. Thou seest, ô Lord, our afflictions;
even that our *houses* are made our *prisons*, &
our *sores our companions.* Our *streets* are tur-
ned into *pastures, our towns* into *wildernesses*
and for our backwardness in our devotions,
our very doores instruct us to addresse our
selves unto thee, and to beseech thee *Lord* to
have mercy upon us. Our *days* are consumed
in sorrows, and languishing; and our *nights*
in weeping, and mourning. Thou woun-
dest us, and we cry; thou smitest us, and
we roare; thou *plaguest* us, and wee are
troubled, we are dismayed. Our *Golgothaes*
are surfeited with the dead, and our habita-
tions *infected* with the living. We fly from
place to place, from Country to Country;
and yet wee fly not from thy presence, wee
avoid not thy judgments. What shall wee
Jer. 8. 22. do, What shall we do? *Is there no balm, O*
Lord, *in Gilead? Is there no Physitian there?*
Why then is not the health of the daughter of
thy people recovered? Thy Son, thy mer-
cifull Son, thy sweet Son Jesus was *sent*
to binde up the broken hearted, and *to open the*
Isa. 66. 1. *prisons to them that were bound,* and to *com-*
v. 2. *fort them that mourn:* and he was not back-
ward in the performance of this for which
he was sent; for he *healed all manner of sick-*
Mat. 4. 23 *nesse, and all manner of diseases among the*
c. 15. 30. *people. At thy feet* therefore, *ô Jesus* thou best
Physitian, wee *cast our selves down.* A *mul-*
titude we are that ly at thy feet: Cure us, ô
Christ, heal us, ô Jesus, as thou diddest the
multitude. *A whole multitude* once *did seek*
to touch thee; for there went virtue out of thee;
Luk. 6. 19 *and thou healedst them all.* Thou wert *moved*
Mat. 14. *with compassion, and* didst *heal their sick.* Ma-
14. ny didst thou cure of their infirmities, and
plagues. Behold thy hand is not shortned that
Luk. 7. 21 *it cannot save; neither is thine ear heavy that*
thou canst not hear. The number of petitio-
Isa. 59. 1. ners cannot deter thee; the multitude of
sutors cannot molest thee; for thou hast
Mat. 3. 10 *healed many:* therefore, with the multitude
in the Gospel, we presse upon thee, that we
may but *touch* thee; for thou hast virtue in
thee; thou hast power to heal. O Lord hear,
ô Lord forgive, ô Lord *heal* us of our grie-
vous *wounds*. In the depth of thy fury when
thou didst resolve to be revenged of a Re-
bellious people, it was yet thy promise that
Ezek. 12. thou wouldest *leave a few from the Sword,*
16. *and from the Famine, and from the Pestilence,*
that they might declare all their abominations
among the people where they should *come;* that
they might *know that thou art the Lord.* Us
thou hast *Plagued*, us thou hast *punished*, so
sorely, so grievously, that but few of us are
left: yet ô Lord, now at last look in mercy
upon us: ô Lord let this remnant finde thy
compassion. O cure us, ô heal us, ô help us
for thy mercy's sake. When thou wert angry
with *Egypt*, thou didst threaten to *smite it:*
but, even at that very instant, thou didst like Isa. 19. 22
wise promise to *heal it; and* that they should
return unto thee their Lord, and that thou
wouldest be intreated of them. Thou diddest Jer. 33 6
proclaim unto *Judah* that thou *wouldst bring*
it health, and cure; and wouldest *cure them,*
and reveale unto them abowndance of peace &
truth. Thou didst promise unto Zion, that
thou wouldest *restore health unto her, and heal* cap. 30. 17
her of her wounds, because she was called an
out-cast by the people, *saying, This is Zion,*
whom no man seeketh after. These were thy
promises even in the midst of thy threat-
nings; and wilt thou be worse unto us then
thou wert unto *Egypt*, or *Judah*, or *Zion?*
True it is that thou expectest our conver-
sion; thou commandest us to *turn unto thee* Joel 2. 12
with all our hearts, and with fasting, and with
weeping, and with mourning. To thee there-
fore, ô God (though formerly we have not,
yet now) do we turn. Wee turn unto thee
both our weeping *Eyes*, and our dejected
Countenances, and our wringing *Hands*, and
our bended *Knees*, and our mourning *voyces*,
and our groaning *hearts*. Merciful God, be-
hold our *Tears*, and view our countenances,
and look upon our hands, strengthen our
knees, and hearken to our voyces, and com-
fort our hearts. *The Priests*, ô Lord, even
thine own *Ministers* doe *weep between the* vers 17.
Porch and the Altar, and they *say, Spare thy*
people, ô Lord, and give not thine heritage to
reproach. Our *Ezra's pray, and confesse and* Ezra 10 1
weep, and cast themselves down before thine
house; and the people assemble themselves un-
to them, both our men and our women, and our
children; for we all *weep very sore.* We *weep*
as the Israelites did *before the doore of the* Num. 2.
tabernacle of the congregation, when twenty 56.
and four thousand of them dyed of the *Pe-*
stilence. Thus we mourn; thus we weep:
our Eys, our Hearts, our very souls do *weep:*
ô let us tast of thy love; let us feel thy com-
passion. Make us to boast of thy praise, as
thy servant *David* did; when he *cryed unto*
thee, and thou didst heal him. Thou hast been Psal. 30. 2
wroth with us, as thou wert with the Jews
for their covetousnesse; and thou hast *smit-* Isa. 57. 17
ten us: thou hast *hid thy self*, and *hast been*
angry; yet we have gone on frowardly in the
wayes of our hearts. But O our God, do thou
make us as penitent as those Jews; and then
say unto us as thou didst unto thy Judah,
I have seen thy wayes, and I will heale thee: v. 18.
I will lead thee also, and restore comforts unto
thee and to thy mourners. Alas, we mourn, and
yet we are punished: we grieve, and yet we
are *Plagued;* and all because *our iniquities* Jer. 14. 7.
do testifie against us: But for thy name's sake,
O Lord, be pleased to spare us. *O the hope* vers. 8
of Israel, the Saviour thereof in the time of
trouble, why shouldest thou be as a stranger in
the land; and as a way-faring man that tur-
neth aside to tarry but a night? Why shouldest
thou be as a man astonished; as a mighty man vers. 9.
that cannot save? Thou, O Lord, art still in
the midst of us, and we are called by thy name;
therefore, we pray thee, *leave us not.* O here
is *a Pestilence in our land;* and we *make our* 1 King 8.
prayers and supplications, and stretch forth our 37.
hands toward thine house. Hear thou therefore in vers. 38.
heaven thy dwelling place, and forgive; that v. 39.
we *may fear thee,* and walk in thy wayes all v. 40.
the dayes of our lives. Or if the sins of us
thy people cause thee to stop thine ears at
our prayers, O hear thou our *Hezekiah's*
praying for us, who have not cleansed our 2 Chr. 30
selves. Stay the *Plague* from us thine Israel, 18.
as thou didst from thy people, when thy ser-
vant *Phinehas executed judgment.* Cause our Psal. 106.
Aarons to *take their Censers, and to put fire* 30.
in them from off the Altar, and to put on in- Num. 16.
cense: O let them come quickly to our 46.
congregations, and make an atronement for
us. Let them *stand between the dead and* v. 48.
the living, and let the Plague be stayed. Thine
Angel stretcheth forth his hand upon our Je- 2 Sam. 24
rusalem to destroy it: O do thou as in the 16.
time of King David: *Repent thee of the evill*
and say unto the destroying Angel, It is enough;
stay now thy hand. Hear us, O Lord, for the
distressed *People* in this *City* and *Nation;* and
hear *them* for *us*, and hear thy *Christ* for us
all: That to *Him*, and *Thee*, and thy *bles-*
sed Spirit, we may render (as is most due)
all Praise, and Glory, and Thanksgiving,
and Obedience, from this time forth for
ever more, *Amen.* Saying as Christ him-
self hath taught us, *Our Father*, &c.

An exact and true relation of the number of those that were buried in *London*, and the Liberties of all Diseases, from the 17 of *March* 1591: to the 22. of *December* 1592.

		total.	Pl.
March	17	351	31
March	24	219	29
March	31	307	27
April	7	203	33
April	14	290	37
April	21	310	41
April	28	350	29
May	5	339	38
May	12	300	42
May	19	450	58
May	26	410	62
June	2	441	81
June	9	399	99
June	16	401	108
June	23	850	118
June	30	1440	927
July	7	1510	893
July	14	1491	258
July	21	1507	852
July	28	1503	983
August	4	1550	797
August	11	1532	651
August	18	1508	449
August	25	1490	507
Septem.	1	1210	563
Septem.	8	621	451
Septem.	15	629	349
Septem.	22	450	130
Septem.	29	408	327
Octob.	6	422	323
Octob.	13	330	305
Octob.	20	320	302
Octob.	27	310	301
Novem.	3	309	209
Novem.	10	301	107
Novem.	17	321	93
Novem.	24	349	94
Decem.	1	331	86
Decem.	8	329	71
Decem.	15	386	39

Baptized 5827
The total. 25886
Of the Plague, 11503

1603.

		total.	Pl.
March	17	108	3
March	24	60	2
March	31	78	6
April	7	66	4
April	14	79	4
April	21	98	8
April	28	109	10
May	5	90	11
May	12	112	18
May	19	122	22
May	26	122	32
June	2	114	30
June	9	131	43
June	16	144	59
June	23	182	72
June	30	267	158
July	7	445	263
July	14	612	424
The Out-Parishes this Week were joyned with the City.			
July	21	1186	917
July	28	1728	1392
August	4	2256	1925
August	11	2077	1743
August	18	3054	2719
August	25	2853	2535
Septem.	1	3385	3034
Septem.	8	3078	2728
Sept.	15	3129	2815
Sept.	22	2456	2192
Sept.	29	1961	1731
Octob.	6	1831	1649
Octob.	13	1312	1142
Octob.	20	648	852
Octob.	27	621	504
Novem.	3	737	592
Nov.	10	585	441
Nov.	17	384	255
Nove.	24	198	102
Decem.	1	223	105
Decem.	8	163	55
Dece.	15	200	66
Dece.	22	168	74

The total of the Burials this whole year, 38250
Of the Plague, 30563.

1625.

Buried in *London* and the Liberties of all diseases, Anno 1625. the number here following.

		total.	Pl.
March	17	262	4
March	24	226	8
March	30	243	11
April	7	239	10
April	14	256	24
April	21	230	25
April	28	305	26
May	5	292	30
May	12	332	45
May	19	379	71
May	26	401	78
June	2	395	69
June	9	434	91
June	16	510	165
June	23	640	239
June	30	942	390
July	7	1222	593
July	14	1781	1004
July	21	2850	1819
July	28	3583	2471
August	4	4517	3659
August	11	4855	4115
August	18	5205	4463
August	25	4841	4218
Septem.	1	3897	3344
Septem.	8	3157	2550
Septem.	15	2148	1672
Septem.	22	1993	1551
Septem.	29	1236	852
Octob.	6	833	538
Octob.	13	815	511
Octob.	20	651	331
Octob.	27	375	134
Novemb.	3	357	89
Novem	10	319	92
Novem.	17	274	48
Nov.	24	231	27
Decemb.	1	290	15
Decemb.	8	181	15
Decem.	15	168	6
Decem.	22	157	1

The total of all the Burials this Year, 5408[illegible]
Of the Plague 354[illegible]

1630.

		total.	Pl.
June	24	205	19
July	1	209	25
July	8	217	43
July	15	250	50
July	22	229	40
July	29	279	77
August	5	250	56
August	12	246	65
August	19	269	54
August	26	270	67
Septemb.	2	230	66
Septemb.	9	259	63
Sept.	16	264	68
Sept.	23	274	57
Sept.	30	269	56
Octob.	7	236	66
Octob.	14	261	73
Octob.	21	248	60
Octob.	28	214	34
Novemb.	4	242	29
Novem.	11	215	29
Novem.	18	200	18
Nov.	25	226	7
Decemb.	2	221	20
Decem.	9	198	19
Decem.	16	217	5

The total of the Burials this whol year 10554
Of the Plague, 1317

Against the Plague.

Take leaves of Sage Wormwood, of each an ounce & half, Rue six ounces and half, wash them in Spring water, cut & beat them let the juice run from them, & put it in an Earthen Pot with half a pint of strong white wine Vinegar, cover it close for 24. houres, strain it and add an ounce of Turbish finely powdered, cover all close 24. hours more, afterwards strain it, & then use it.

1636.

		total.	Pl.
April	7	119	2
April	14	205	4
This week was added to the Bill these Parishes, St. Marg. Westminster. Lambeth. St. Mary Newington Redriff Parish St. Mary Islington Stepney Parish Hackney Parish			
April	21	285	14
April	28	259	17
May	5	251	10
May	12	308	55
May	19	299	35
May	26	330	62
June	2	339	67
June	9	345	87
June	16	381	103
June	23	304	79
June	30	352	104
July	7	215	81
July	14	372	104
July	21	395	120
July	28	423	151
August	4	468	206
August	11	538	283
August	18	638	321
August	25	787	429
Septemb.	1	1011	638
Sept.	8	1069	650
Sept.	15	1306	865
Sept.	22	1229	775
Sept.	29	1403	928
Octob.	6	1405	921
Octob	13	1302	792
Octob.	20	1002	555
Octob.	27	900	458
Novemb.	3	1300	138
Nov.	10	1104	715
Nov.	17	950	573
Nov.	24	857	476
Decemb.	1	614	11
Dec.	8	459	167
Dec.	15	383	85
Dec.	22	316	76
Dec.	29	283	125

The total of all Burials this whole year, 27415,
Of the Plague [illegible]

1637.

		total.	Pl
January	5	328	126
Janu.	12	314	73
Jan.	19	268	59
Jan.	26	289	72
February	2	351	103
Feb.	9	315	104
Feb.	16	285	78
Feb.	23	254	44
March	2	262	69
March	9	332	100
March	16	303	80
March	23	260	65
March	30	343	115
April	7	301	98
April	14	288	79
April	21	300	90
April	28	319	107
May	4	292	81
May	11	300	105
May	18	285	74
May	25	314	83
June	1	269	72
June	8	273	74
June	15	268	110
June	22	304	106
June	29	371	159
July	6	362	163
July	13	325	133
July	20	321	140
July	27	335	117
August	3	300	89
August	10	275	74
August	17	228	53
August	24	225	43
August	31	209	30
Septemb.	7	227	36
Sept.	14	200	21
Sept.	21	184	21
Sept.	28	197	27
October	5	166	15
Octob.	12	198	17
Octob.	19	174	13

The total of all Burials this year, 14270
Of the Plague, 3603

1638. Buried 16621
Of the Plague 508

1646 Buried
Of the Plague 2436

1647. Buried 16452
Of the Plague 5285

1648. Buried 11509
Of the Plague, 693

1665.

Buried in *London* and the Liberties of all diseases the number followeth,

		total.	Pl.
April	25	398	2
May	2	388	0
May	9	347	9
May	16	353	3
May	23	385	14
May	30	399	17
June	6	405	43
June	13	558	112
June	20	611	168
June	27	684	267
July	4	1006	470
July	11	1268	725
July	18	1761	1089
July	25	2785	1843
August	1	3014	2010
August	8	4030	2817
August	15		
August	22		
August	29		
Septem.	5		

Buried in the 97 Parishes within *London*, from *August* 1st. to the 8th.	341
And of the Plague	208
In the Out-Parishes this Week, of the Plague	2609

S. *Andrews Holborn*	183	*Hackney Parish*	6
S. *Bartholomew great*	17	S. *James Clerkenwel*	136
S. *Bartholmew lesse*	6	S. *Katharine Tower*	12
S. *Brides Parish*	66	*Lambeth Parish*	1
Bridwel Precinct	5	S. *Leonar. Shoreditch*	121
S. *Botolph Aldersga.*	46	S. *Magda. Bermonds.*	7
S. *Botolph Algate*	81	S. *Mary Newington*	16
S. *Botolph Bishopsgate*	133	S. *Mary Islington*	24
S. *Dunstans West*	20	S. *Mary Whitechappel*	158
S. *George Southwark*	39	*Redriff Parish*	2
S. *Giles Cripplegate*	356	*Stepney Parish*	136
S. *Olives Southwark*	64	S. *Clement Danes*	42
S. *Saviors Southwark*	41	S. *Paul Coven garden*	16
S. *Sepulchers Parish*	205	S. *Martins ith' fields*	213
S. *Thom. Southwark*	8	S. *Mary Savoy*	6
Trinity Minories		S. *Margaret Westm.*	173
At the Pest-house	10	*At Pest-house.*	39
S. *Giles in the Fields*	259		

Buried in *London* this week of all Diseases	4030
Of the Plague	2817
Increased in the Burials this week	1016
Parishes Cleare of the Plague	44
Parishes Infected	86

[illegible] by T. Mabb, for R. Burton, [illegible] Gilberson.

IHS
VIL
porte St. anthoine

TTE
VNIVERSITE
DE PARIS
Le Place Dauphine
Cheual de Bronze
A PARIS
Anthoine de Vuaue
au pallais en la gal
prisonniere. Aue

297
LIMON
PONZINV
CHALCEDONIVS
Pp

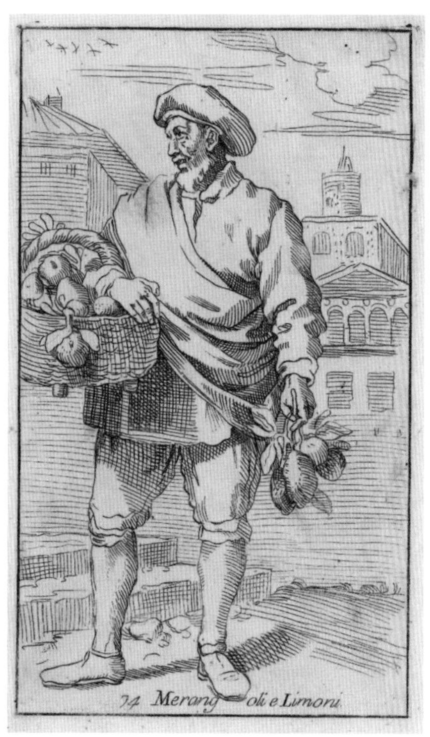

（左页图）柠檬。出自乔瓦尼·巴蒂斯塔·法拉利的《金苹果园的养护以及橙之书》（1646年），这是第一部重要的关于水果的植物学书籍。

（上左图）柑橘温室和柠檬树。出自扬·范德格伦的《尼德兰园丁》（1672年）。

（上右图）意大利街头的柠檬小贩（1646年）。安尼巴莱·卡拉奇作品的复本，蚀刻版画。

情况下，一座城市越重要，其交通就越拥挤，人口流动就越频繁，人口密度也越大，因此，疾病传染的风险越高，传播的速度也越快。巴黎既是法国的首都，又是欧洲游客最多、人口最多的城市之一，它是怎么近乎完好地躲过了这场肆虐欧洲大陆大部分地区的鼠疫呢？

柠檬水被认为是世界上最早出现的软饮料。它从史前时期就在埃及流传，然后慢慢地传遍世界各地，为夏季时光增添了不少欢乐。柠檬水中所含的柠檬酸有助于防止细菌在饮用水中生长，这就意味着柠檬水饮用者的存活率更高。21世纪初，很流行在饮用的热水中加入柠檬片，以促进消化、“排毒”、帮助维持身体的弱碱性——但我认为，在1668年的那几个月里，柠檬带来的益处要大得多。那年夏天，柠檬水让成千上万的巴黎人幸免于难，没有像伦敦、维也纳和米兰的居民那样成为欧洲最后一场大鼠疫的受害者。

自17世纪50年代末以来，意大利人和来访的游客们都能在咖啡厅或者街头小贩那里买到各式各样的软饮料、含酒精的饮料以及混合饮料。这些饮料包括：白兰地和各种浸泡有肉桂、大茴香、当归、覆盆子、琥珀、麝香、杏子以及醋栗的中性烈酒；香料酒，诸如路易十四最喜欢的希波克

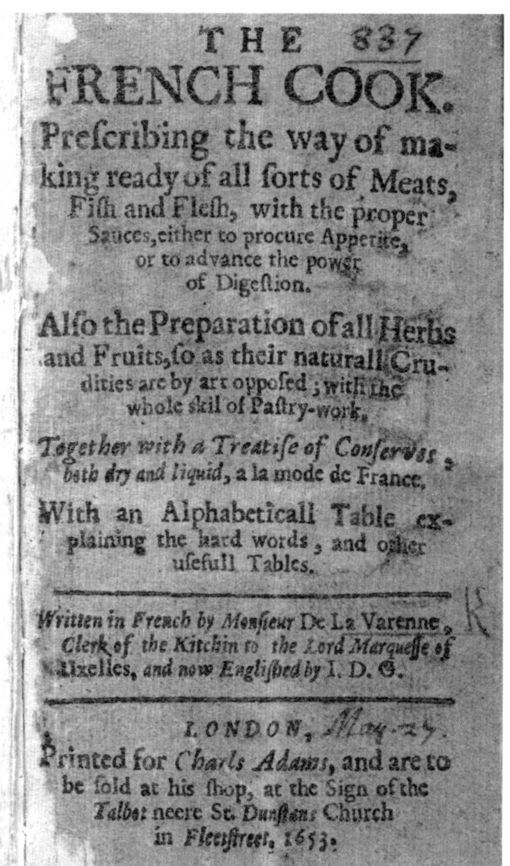
THE 837

FRENCH COOK.

Prescribing the way of making ready of all sorts of Meats, Fish and Flesh, with the proper Sauces, either to procure Appetite, or to advance the power of Digestion.

Also the Preparation of all Herbs and Fruits, so as their naturall Crudities are by art opposed; with the whole skil of Pastry-work.

Together with a Treatise of Conserves, both dry and liquid, a la mode de France.

With an Alphabeticall Table explaining the hard words, and other usefull Tables.

Written in French by Monsieur De La Varenne, Clerk of the Kitchin to the Lord Marquesse of Uxelles, and now Englished by I. D. G.

LONDON, May 27.

Printed for Charls Adams, and are to be sold at his shop, at the Sign of the Talbot neere St. Dunstans Church in Fleetstreet, 1653.

拉斯酒；不含酒精的饮料，如杏仁玫瑰味的、加入汤力水的杏仁糖浆；当然还有柠檬水，以及与之类似但果肉较多的饮料赛德雷酸浆（一种由柠檬汁、柠檬果肉、柠檬皮、糖和水调制而成的混合饮料）。由于成本高，适合种植的土地范围有限，柠檬水的推广受到了阻碍。但是，当人们培育出了更耐寒、更多汁的柠檬品种，且贸易路线畅通之后，柠檬水的价格随之下降，很快就被广泛接受。因为柠檬水制作简单，味道清新可口，所以很快每一个罗马人都想在炎热的夏日里喝上一口，小贩们也开始扛着一罐罐的柠檬水在城里的大街小巷四处售卖。

前往意大利的巴黎游客——比如尤勒·马萨林枢机主教（1602—1661），他接替恶魔般的枢机主教黎塞留（1585—1642）担任法国国王路易十四的宰相——在离开意大利时可能都在想，为什么在他们自己的美丽城市里没有扛着这种新鲜饮料的商人。当时，在巴黎已经有人饮用柠檬水：它出现在弗朗索瓦·皮埃尔·德·拉瓦雷纳撰写的富有开创性的烹饪书《大

卷首插画和扉页。出自弗朗索瓦·皮埃尔·德·拉瓦雷纳的《大厨弗朗索瓦》（1653年）。

厨弗朗索瓦》中。这是一本非常受欢迎且颇具影响力的烹饪书，在出版两年后被翻译成了英文，并且继续出版了一个多世纪。《完美的果酱师》(1667年，通常被认为是拉瓦雷纳的作品）一书中也出现了一个使用柠檬皮和橘子皮的配方。马萨林枢机主教去世前不久——为其征税欣喜地找到了新的名目——把柠檬水商人带到了巴黎。马萨林可能是个超级自大狂，但即使是他，也没料到柠檬水将在短短几年后拯救这么多人的生命。

人们通常认为在欧洲蔓延的黑死病是由跳蚤叮咬传播的。现在，很多人认为，感染了鼠疫耶尔森菌的跳蚤，寄居在了碰巧从远东地区登船而来的沙鼠身上。当这些沙鼠到达欧洲后，它们身上携带的跳蚤又转而传播到了无处不在的欧洲鼠群身上。携带有鼠疫病菌的跳蚤通过老鼠散播到了城市的各个角落。当它们的老鼠宿主死于鼠疫时，它们从老鼠身上转移到了人类或者家畜身上，而人类宿主发病而死后，它们又回到了其他老鼠身

卷首插画。出自《论果酱和完美的新式果酱加工器》(1667年)。

上。所以，老鼠也完全可以责怪人类把跳蚤传回了鼠群，而且就我们所知，真实情况也的确如此。这种传播方式的关键在于城市老鼠和人类的生活有着十分密切的关系——哪里有人类制造的有机垃圾，老鼠就会奔向哪里。尽管黑死病造成的破坏是巨大的，但令人惊讶的是，导致传染病散布整个都市的居然是这样一条脆弱的传播链。只有当这条传播链中的每一个元素——跳蚤、老鼠、人类——都完美地建立起来时，鼠疫病菌才能引发流行病，否则，它就会消亡。人们认为这是为什么幸好鼠疫每隔几百年才会发生一次，而非经常在欧洲流行的原因，也解释了为什么巴黎能够在1668 年打败那场鼠疫。

巴黎人对意大利风格饮料的狂热在 17 世纪 60 年代末至 70 年代初最为鼎盛——以至于在 1676 年，路易十四与柠檬水商贩们达成了一项协议，将他们与自 1394 年开始就遭到法国君主政体压榨的法国酿酒业者、芥末磨工以及酿醋商结合起来，组成“酿醋商、芥末商、调料师、白兰地及酒类蒸馏师宫廷侍卫队”。虽然名字还有待商榷，但事实上这却是全世界第一家公司。他们并不知道这个联盟是多么的巧妙，因为几百年以来，醋一

著名的 17 世纪医用鼠疫防护服。长形的“鸟喙”中含有当时被认为可以抵御瘴气的草药和醋。水彩画（约 1910 年）。

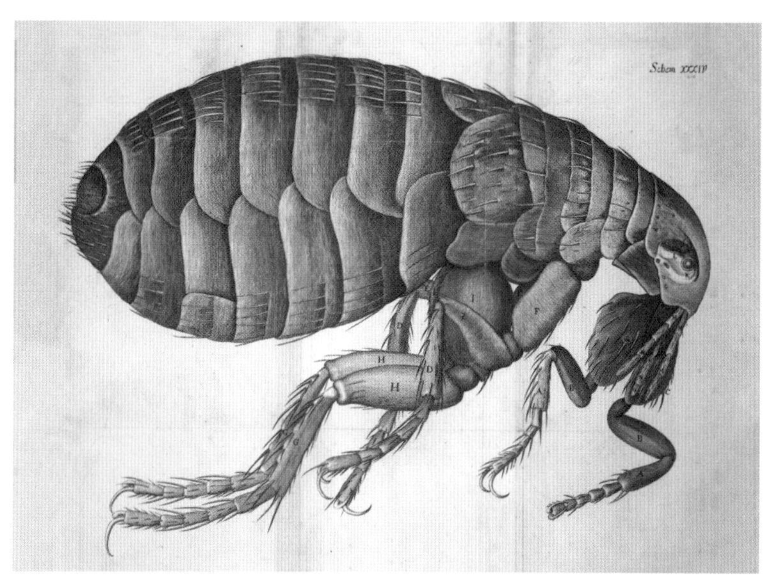

直是最有效的驱虫剂。

17 世纪时，人们开始了解鼠疫在人与人之间传染的机制。虽然花了几个世纪的时间才发现害虫所起的作用，但为了防止已感染人群把鼠疫传染给他人，人们采取了各种各样成效不一的预防措施。与对病人的关心相比，医生们显然更在意他们自己的健康，他们身穿黑色长袍，头戴塞满或浸泡过醋和草药的长形鸟喙面具，用以对抗以空气传播的病原体。有一群盗贼就是利用一种后来称为“四贼醋”的调制混合剂趁乱闯进了一间又一间的空屋进行盗窃。这种混合剂中含有草药、大蒜和醋，可以用吸入、喷洒或涂抹在口鼻周围的方式预防吸入有害的“瘴气”。事实上，这的确是一个既有效又方便的广谱性驱虫剂配方，直到 20 世纪，还有烹饪书和医疗书在模仿。假使当初人们广泛地喷洒了“四贼醋”的话，或许其他城市也能同巴黎一样免受鼠疫之灾了。

然而，这些疗法并未锁定真正的病媒——跳蚤，它才是问题的核心所在，而非老鼠或有毒气体。尽管使用四贼醋和佩戴专门医用面具，确实有助于避免因近距离接触有菌唾液或染疫跳蚤导致的人与人的传播，但对解决更深层的问题却收效甚微。是的，我认为柠檬才是在 1668 年夏天阻挡鼠疫在巴黎广为蔓延的真正原因。

一时间柠檬水风潮在巴黎迅速地风靡起来，因此，当巴黎笼罩在鼠疫的威胁之下时，柠檬水生意可能还掌握在街头小贩手中。柠檬水不只是备

（上图）显微镜下放大的跳蚤。出自罗伯特·胡克的《显微图志》（1665 年）。

（32~33 页图）1630 年的米兰，人们对鼠疫携带者实施酷刑和处决。

M
C
G
H
F
PER AVE'R
MULTIPLICATO LA
PESTE
CON UNGUENTI
N
O

QUI DOVE ESISTE QUESTA PIAZZA
SORGEVA UNA VOLTA TONSTRINA
A GIO. GIACOMO MORA
IL QUALE FATTA CON GUGLIELMO PIAZZA
PUBBLICO COMMISSARIO DI SANITA'
E CON ALTRI UNA COSPIRAZIONE
CON MORTALI UNGUENTI QUA' E LA' DISPERSI
MANDÒ MOLTI A CRUDA MORTE
GIUDICATI PERTANTO AMBIDUE NEMICI DELLA PATRIA
SOPRA ALTO CARRO
TENAGLIATI PRIMA CON ROVENTE MORSA
E PRIVATI DELLA MANO DESTRA
COMANDÒ IL SENATO
DI FRANGERLI COLLA RUOTA
E NELLA MEDES.A INTRECIATTE DOPO SEI ORE DI SCANNARLI
QUINDI DI ABBRUCIARLI
ED ONDE NIENTE RIMANGA DI SI SCELLERATA GENTE
DI GETTARE LE CENERI NEL FIUME
E CONFISCATI I BENI
DALLA QUAL COSA ONDE SIA LA MEMORIA ETERNA
COMANDÒ DI DISTRUGGERE
QUESTA CASA OFFICINA DI TANTA SCELLERAGGINE
E DI NON MAI POSTERIORMENTE EDIFFICARLA
ERRIGGENDO UNA COLLONA
CHE SI CHIAMI INFAME
LUNGI DA QUI LUNGI PERTANTO
CITTADINI BUONI
ONDE L INFELICE INFAME SUOLO
NON VI CONTAMINI
ANN. MDCXXX. I. AGOSTO
ESSENO PUB. PRESID.
MANT. MONZIO SENATOR
PRESID. DEL SENATO
GIO. BATTA TROTTO
R. JUSTITIÆ
CAPITIONS BATTISTÆ
VICE COMITAE
COLLONA
INFAME
E
D
A
B
B

受欢迎，甚至无所不在。只要有利可图，柠檬水商人便会扛着柠檬水，走遍城市的每个角落。柠檬（以及其他柑橘类水果）中所含的柠檬油精是天然的杀虫剂和驱虫剂。柠檬中效果最好的部分是富含柠檬油精的果皮。事实上，在发现化学驱虫剂数个世纪之后，美国国家环境保护局列出了 15 种杀虫剂，包括普通的驱虫喷雾和宠物跳蚤以及蜱虫防治产品在内，这些杀虫剂中的主要有效成分都是柠檬油精。法国人将制作柠檬水剩下的柠檬皮和压碎的果渣丢弃在了最适合阻碍跳蚤－老鼠－人类－老鼠传染链产生的地点：垃圾堆。这样一来，虽然是无意而为之，但实际上整座城市都布满了柠檬油精：柠檬水商人到较富裕的地区兜售柠檬水，剥下来的柠檬皮和压碎的果渣则给贫困地区提供了呵护。大量的柠檬不仅没有对老鼠造成任何的困扰，相反，作为杂食动物的老鼠恐怕还乐于尝试这种新鲜的口味。就这样，虽然带有偶然性，但感染了鼠疫杆菌的跳蚤的确被灭杀了。

其他许多新近引进的饮料中也都含有驱虫成分，如八角水中的八角、杜松子酒中的杜松、芫荽水中的芫荽、茴香水里的茴香，等等。的确，进口饮料中许多最常用的草药本身也是四贼醋中的成分。携带鼠疫杆菌的跳蚤在 1668 年的巴黎几乎没有安身之地。跳蚤在老鼠经常出没的普通垃圾

法国柠檬水商人的漫画形象（1771 年）。亨利·威廉·邦伯里作品的复本。

新兴贵族向街头小贩购买一杯柠檬水的讽刺画（1814年）。

堆或下水道中无法生存，因为这些地方布满了柠檬油精和其他驱虫剂。数以百万计脱水的跳蚤死在了街头，此时此刻，它们肯定非常想念那些沙鼠，而鼠类和人类则为自己的好运感到庆幸。

在接下来的几年中，各界人士纷纷邀功，企图把令巴黎免遭黑死病再度肆虐的功劳据为己有。1667 年被任命为首任巴黎警察总监的加布里埃尔·尼古拉·德拉雷尼，因采用开明的执法维持了稳定并防止了鼠疫的

进一步加剧而声名鹊起。一些大臣，比如让－巴普蒂斯特·柯尔贝尔，他推动贸易限制、要求货物在进入巴黎前先进行彻底晾晒，还有六大行会及地方长官雅克·贝林，也为他们自己的远见卓识而拍手叫好。看着他们的如此言行，皇室顾问们雇人对他们的鼎力支持表示了赞赏。路易十四（1638—1715）则抢夺了被西班牙占领的比利时的几个城镇，以示庆祝。总有一天，某个巴黎人会醒悟过来，为柠檬水商人竖立一尊铜像，它双眼无畏地凝视着前方，将用过的柠檬丢过人们的肩头扔进垃圾堆。说不定铜像上还会刻上这样一行文字：抱歉，老鼠们，我们错怪你了。

（上图）《重要的草药师》（1827—1829）。注意在她贩售的树叶和草药旁边有一大盘柠檬。

（右页图）法国19世纪后期的柠檬水广告。

SIROP DE
CITRON
PUR SUCRE
IMP. M. MARIAGE PARIS
Nº 131 M
MOD. DÉPOSÉ

纽约的冰柠檬水平版印刷广告，约 1879 年。

MONADE

SSAU ST. COPYRIGHT, 1879

FRESHING

BOVRIL
EUROPE
ASIA
AFRICA
INDIAN OCEAN
PACIFIC OCEAN
AUSTRALIA
FLUID BEEF
BOVRIL
SUPPORTS THE WORLD

第三章

味精

提取物的一般狂想

这一切之所以开始，都是因为人们，尤其是陆军和海军将士们，想要随身携带大量的汤品，但是，正如你知道的那样，却又不愿意扛上大量的汤品。大约在17世纪中后期的某个时候，人们开始将汤品脱水，制作成块状物，以便于运输和加水还原。至少，他们已经开始普遍这么做了，因此才有了相关的文字记载。显而易见，这是一个人们已经尝试了很长一段时间的想法。然而，将浓缩的汤品黏聚成块状物以便于加水还原，既耗时又昂贵还很麻烦，因此，这样的食谱没有迅速得到人们的广泛接受。即使已经经过了50年的摸索，到1733年，在樊尚·拉·夏佩尔撰写的《现代厨师》（法语版本于1735年出版）里，高汤块的食谱显然还是有些离谱。

一种制作高汤块的方法，这样制作出来的高汤块便于携带至异国他乡，可保存一年以上。

取一头大型公牛的四分之一，一整头小牛……两只绵羊，24只老母鸡或公鸡，或者12只火鸡，先脱毛、除去内脏，再和小牛一起剁碎，将牛脚和羊蹄烫好并清洗干净，最后全部放进一口大铜锅里……

加入12或15磅（1磅=0.4536千克）鹿茸片，煮沸后趁热滤掉。

接下来倒入四大桶泉水；将锅盖盖紧；锅盖周围用膏状物封上，再在锅上放置一个16磅的重物，将汤烧开，再用慢火熬制至少6个小时，不要撇除汤里的杂质，直至骨肉可以轻易分离，才算是完全熬透了。

然后，将汤里的大骨头取出来，继续炖制剩下的食材；炖好之后，尽快把汤里的肉捞出来，立刻剁碎；再放进一口大大的热压锅里，用铁盖盖住，以便将所有的肉汁压榨出来。

完成后，将提取出来的肉汁倒回铜锅里的高汤中，并立刻用细钢筛过滤掉肉汁里的所有杂质；然后让其冷却下来，撇去油脂，马上用适量的盐、白胡椒粉和丁香调味；再次烧开，一边烧一边

（篇章页左图）保卫尔支持世界。广告海报，约1885年。

BOUILLON OXO EN FLACONS
CHIMISTES CELEBRES.
5) Le laboratoire de J. v. Liebig à Giessen (1840).
OXO
Reproduction interdite.
Voir l'explication au verso.

不停地搅拌，直至其（在倒进盘子里时）变成像蜂蜜一样浓稠的棕色肉冻。然后将其取下来，待其半冷却时直接倒入釉面陶器中。这些陶器又长又浅，深度不超过 3 英寸（1 英寸 =2.54 厘米）。当高汤完全冷却后，把它放进烧热的铜烤炉或其他烤炉里烘干；出炉前，要注意别把高汤烤焦。高汤必须像黏胶一样脆硬，这样才能用手轻易掰开，然后制成高汤块，每块约为 1 盎司（1 盎司 =28.3495 克）或 2 盎司重。必须把其放在玻璃瓶里，再放在密封的箱子或桶里，放置于阴凉、干燥之处，以供需要时使用。这些高汤块溶解后非常美味，可用于调制一般的高汤或者浓汤。

19 世纪初，汤品的制作恢复了生机。与本杰明 · 富兰克林（1706—1790）同时代却反对美国独立的美裔英籍发明家本杰明 · 汤普森爵士（1753—1814），也被称为拉姆福德伯爵，发现德国军队和其他军队一样军粮匮乏，其士兵却因喝了增加调味的汤而更快乐、更健康。聪明的他意识到：这种健康的感觉不仅仅来自喝汤带来的乐趣和汤品的营养价值。拉姆福德伯爵发明了一道非常简单的汤品，用珍珠大麦、豌豆粒、土豆、面包、盐和醋熬制而成，目的在于促进汤品与心灵之间的相互作用。通过慢慢炖煮的方式，这些食材会产生风味前体分子，这种前体的味道类似于营

李比希广告卡，上面印有尤斯图斯 · 冯 · 李比希和他的实验室。李比希公司制作了数千张产品宣传卡片。每套由六张同一主题的卡片组成。

Der Rhein von Bingen bis Coblenz
Panorama aus der Vogelschau
mit Ansichten von anliegenden Ortschaften u. Burgen
LIEBIG COMPANY
FLEISCH-EXTRACT
EHRENBREITSTEIN

LIEBIG COMPANY
FLEISCH-EXTRACT
Die Marxburg

LIEBIG COMPANY
FLEISCH-EXTRACT

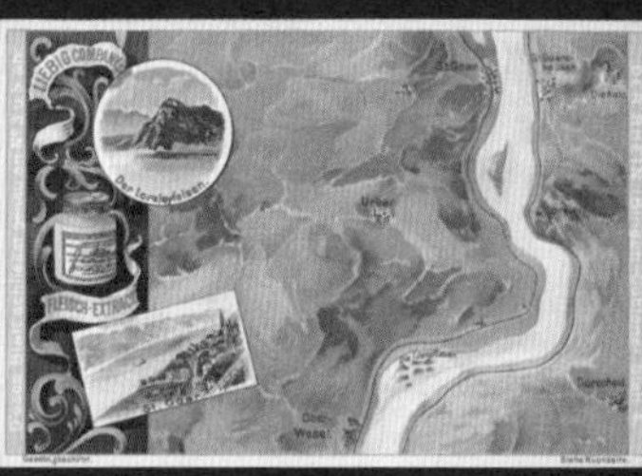
LIEBIG COMPANY
FLEISCH-EXTRACT

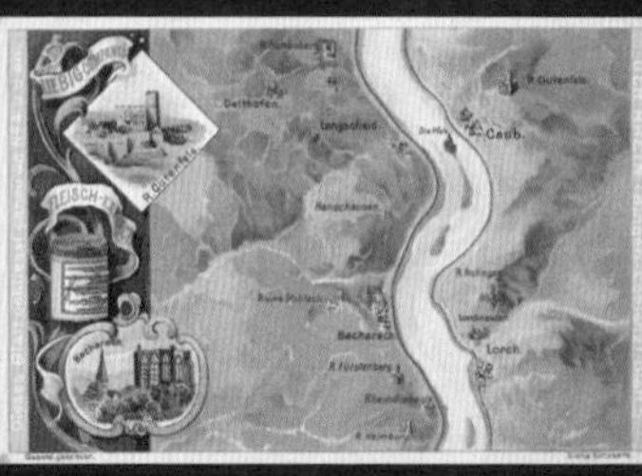
LIEBIG COMPANY
FLEISCH-EXTRACT
Caub
Bacharach
Lorch

LIEBIG COMPANY
FLEISCH-EXTRACT
BINGEN.
Rüdesheim

DÉTROITS EXTRA-EUROPÉENS.
Détroit de Malacca.
MER DE CHINE
OCÉAN INDIEN
SUMATRA
BORNEO
MALAISE.
VÉRITABLE EXTRAIT DE VIANDE LIEBIG.
VOIR L'EXPLICATION AU VERSO.

DÉTROITS EXTRA-EUROPÉENS.
Détroit de Bering
SIBÉRIE
OCÉAN GLACIAL ARCTIQUE
MER DE BERING
ALASKA
ESQUIMAU.
VÉRITABLE EXTRAIT DE VIANDE LIEBIG.
VOIR L'EXPLICATION AU VERSO.

DÉTROITS EXTRA-EUROPÉENS.
Détroit de Magellan.
ARGENTINE
OCÉAN PACIFIQUE
OCÉAN ATLANTIQUE
PATAGON.
VÉRITABLE EXTRAIT DE VIANDE LIEBIG.
VOIR L'EXPLICATION AU VERSO.

DÉTROITS EXTRA-EUROPÉENS.
Détroit de Babel-Mandeb
MER ROUGE
ARABIE
OCÉAN INDIEN
AFRIQUE
ETHIOPIEN.
VÉRITABLE EXTRAIT DE VIANDE LIEBIG.
VOIR L'EXPLICATION AU VERSO.

MER DU JAPON
CORÉE
JAPON
MER JAUNE
MER DE CHINE
DÉTROITS EXTRA-EUROPÉENS.
Détroit de Corée.
CORÉENNE.
VÉRITABLE EXTRAIT DE VIANDE LIEBIG.
VOIR L'EXPLICATION AU VERSO.

DÉTROITS EXTRA-EUROPÉENS.
Détroit de Torrès.
NOUVELLE GUINÉE
MER ARAFOURA
Détroit de Torrès
MER DE CORAIL
Golfe de Carpentarie
AUSTRALIE
PAPOUE.
VÉRITABLE EXTRAIT DE VIANDE LIEBIG.
VOIR L'EXPLICATION AU VERSO.

四套李比希广告卡。从左到右分别为：漫长的莱茵河，欧洲之外的海峡、欧洲海峡、法国河流。19 世纪末。

养更为丰富的肉汤，且能提供拉姆福德伯爵渴望达到的饱足感。

尽管便携式汤品的研发在不断地改进（尤其是罐头之父尼古拉斯·阿佩尔在1831年左右亲手制作的那种汤品），但一直到1865年李比希公司在南美洲展开大规模行动之前，无论是在理论还是在工艺上，都没有多大的变化。尤斯图斯·冯·李比希男爵（1803—1873）是一位杰出的德国化学家，因把自己名字和研发理论都提供给了李比希肉制品公司使用而留名后世。在他的一本著作《化学信件》（1843年）中，李比希推测，南美洲的养牛业通常只是为了利用牛皮，因此，可以多加利用来生产大量的肉类提取物，再卖给欧洲市场，这样就可以给那些买不起英国牛肉的穷人们提供肉类营养。有几个企业家读了这本书，获得了财力支持，并说服了李比希加入这项计划。他们首先在乌拉圭河畔的弗赖本托斯饲养了2.8万头牛，然后修建了一家工厂，并在这家工厂里按照30公斤牛肉提取1公斤肉类提取物的比例大量加工牛肉。这个过程虽然已经工业化，但疯狂程度丝毫不亚于130年前樊尚·拉·夏佩尔的食谱，只不过规模庞大得多。

制作肉类提取物的理念和法国人制作肉冻的技艺差不多，即将肉汤浓缩成膏状物。然而，通常情况下，工业化提升了生产的速度和效率，也产生了一堆令人作呕的东西。就像对待那些通过发酵和液化大量的鱼来生产古罗马鱼露的臭名昭著的工厂一样，没有哪一个嗅觉正常的人愿意靠近李比希公司的加工厂。在制作罗马鱼露时，先要把鱼浸泡在盐水中，然后将其置于温暖的阳光下晒上至少一个月，直到形成鱼露为止。与此加工过程全然不同，在李比希公司的工厂里，人们用巨大的钢辊将牛肉碾压粉碎成肉浆，然后将其煮沸、蒸熟，再进行提取，并浓缩成浓稠的棕色肉汁。随后，制作完成的浓稠肉汁被装瓶并运往英国。凭着30：1的浓缩比例，公司对肉汁的营养价值做出了夸张的承诺。

最初，李比希公司的这种肉类提取物（浓缩肉汁）非常受欢迎，因此，人们对诸如庄士敦牌液体牛肉（1870年）和李比希牌肉汁精华麦芽酒（1881年）等有着诱人名称的产品毫无戒备之心。后来，这两款产品分别更名为“保卫尔”和“文家宜”，至今仍然享有令人惊讶又有点令人不安的人气。作为调味品和热饮（试着将其加在热牛奶里，这样品起来就像喝掉了一整头牛），保卫尔现在仍有市场需求。保卫尔是一个混合词，源于拉丁文的“牛”（bovem）和英文的“维利”（vril）。“维利”是爱德华·布尔沃-利顿创作的《一个即临种族》（1871年）一书中所描写的高级物种的名字，

庄士敦牌液体牛肉的广告贴纸，约1885年。

他们从一种神秘的电磁物质中获得巨大能量。的确，在19世纪末，你只要给某个产品添加一丁点儿的科学元素，铁路、电报和保卫尔就“砰”的发明了出来：欢迎来到未来。比起本身就很离谱、利润也丰厚得离谱的李比希公司的肉汁精华酒（顺便说一句，该公司在很大程度上孕育了南美洲的畜牧业，但也是造成森林滥伐的罪魁祸首），保卫尔似乎更能代表那个时代。当时，科学有效又神奇，只要有了科学，似乎一切都能搞定。

一旦科学家们开始探究李比希肉类提取物的营养价值，他们发现，

CATTLE ON THE MARCH TO FRAY BENTOS, THE
IN SOU

F THE LIEBIG EXTRACT OF MEAT COMPANY,
CA.

去往李比希肉制品公司建于南美洲弗赖本托斯的加工厂的牛群。出自《体育及戏剧新闻画报》，1890 年 1 月 25 日。

1886 年的保卫尔广告。

粉碎、制浆、煮沸、提取、烹饪和压榨等每一个加工环节都破坏了牛肉中原有的营养成分。于是，用当今的商业术语来说，该公司改变营销策略，将这种提取物当作一种安慰性食品转而向中产阶级家庭兜售。你可能没有想到这种做法将会奏效。产品原本的宗旨在于将大量牛肉的营养价值浓缩进一个方便的罐子里，这样不但便于携带，而且价格便宜，以便士兵、穷人和那些只需要把大量的牛肉摄取进自己的体内而又不愿意处理不方便的肉和软骨的人们都能负担得起。然而，实际上最终的结果却是：产品的营养价值很低，而且价格对于绝大多数目标人群来说过高。这样的产品本应该彻底失败，但事实并非如此。中产阶级欣然吞下了这种被赋予了全新概念的肉类提取物，好像完全没有意识到该产品原本并非以他们为目标群体——不过，也许，以一种巧妙的方式来说，这种东西真的是为他们而生的吧。

1902 年，李比希的另一项发现——不但可以分解，还可以吃的酵母细胞——突然出现在了市场上。这个发现其实是很自然的：当人们明确了李比希肉类提取物的吸引力不在于其营养，甚至不在于其味道，而是一种

I WANT PROTECTION!
They take me from my home afar,
Where all my noble brothers are,
And put me in a little jar,
And call me LEMCO.

李比希肉制品公司推出的一则格外血腥的广告，旨在宣传该公司生产的肉类提取物。出自《画报》周报，1904年。

似乎难以言喻的特质时，这位著名的化学家就开始寻找这种难以言喻的东西，最后在酵母细胞中找到了。事实上，马麦酱之所以如此命名，是因为其在最初推出时是被装在圆形陶罐里的，如今，用来装马麦酱的玻璃罐仍然还在模仿这个原形。要不是这样，马麦酱很可能会被命名为“李比希牌难以描述其内含的酵母”。当酵母细胞发生分裂时，会释放出包括谷氨酸在内的氨基酸。除了能向你的大脑发出正在摄入蛋白质的信号外，谷氨酸还是一种神经传导物质。当人们在品尝某些食物时，这些信号会传达被许多人描述为“美味”的鲜味。虽然在从牛肉转化成李比希肉类提取物的过程中，大部分的精华都流失了，但留存下来的谷氨酸能传递给人们正在吃掉整头牛的感觉——这种感觉通过酵母细胞释放谷氨酸也能传递出来，且更廉价、更简单。

问世后不久，马麦酱就成了第一次世界大战中每一个军人的必备口粮，为他们提供维生素 B，使他们具有积极的作战态度。当大家终于明白了这种鲜味的形成机制（当酵母细胞自溶于盐时，细胞内的谷氨酸会释放出来，使得酵母细胞萎缩并分裂，然后与盐结合形成谷氨酸钠，产生一种美味而又令人满足的奇特鲜味，这让李比希肉类提取物从一开始就大受欢迎）之

后，各公司开始用自溶酵母替代保卫尔、文家宜和其他类似产品中的部分牛肉成分。结果表明，消费者们要么分辨不出二者的不同之处，要么实际上更喜欢添加了酵母的产品。在2004年英国牛肉被禁止出口后的几年里，保卫尔里完全不含任何的牛肉成分。自从禁令解除后，保卫尔再次由酵母提取物和牛肉高汤混合而成，但是几乎没有证据表明有人能吃得出其中的差异。

在马麦酱问世几年之后的1907年，日本研究者池田菊苗——在明白了为什么用腌制的鲣鱼（又称柴鱼）和昆布海带熬制而成的简单的日式高汤"出汁"，会具有四种基本味道（甜、咸、苦、酸）之外的另一种令人身心舒畅的味道后——分离出了谷氨酸钠。他把这第五种味道称为"鲜味"，意思是"令人愉悦且美味可口的味道"。像拉姆福德伯爵一样，池田希望能够改善农村贫困人口的生活质量，让他们无需花钱买肉也能吃到更加美味的食物，而且，像李比希一样，池田也希望能够发挥科学的价值，能够广泛地帮助他人。简单地说，当游离的谷氨酸遇到盐或其他钠分子时，就会形成谷氨酸钠，或称味精。谷氨酸天然存在于用来熬制高汤的昆布海带

（上左图）Oxo牛肉汤块广告。出自《闲谈者》，1928年11月30日。

（上右图）Oxo牛肉汤块广告。出自《布里坦尼娅和夏娃》，1929年12月。

之中，就像肉类、凤尾鱼、西红柿、蘑菇、帕尔玛干酪和蓝纹奶酪等食物在化学上和味觉上天然含有大量的谷氨酸一样。很快人们就意识到自己找到了一个宝贝东西。谷氨酸钠被命名为“味之素”（味道的精华）并于1909年上市销售。

味之素很快就打入了日本市场，而且几乎家家户户的餐桌上都摆有装有味之素的佐料瓶，而不仅仅限于那些农村贫困家庭。20世纪60年代末，随着味精对健康有害的疑虑从西方世界开始渗入到日本，这种佐料瓶渐渐没有那么普遍了，但味精的鲜味继续令日式料理充满了生机。

在西方的餐饮界，味精从未被认真地命名并推销过（尽管有过几次敷衍的推广活动，如美国的Accent公司）。然而，食品公司将味精作为添加剂引进并卖给了餐馆，尤其是中国餐馆。跟随李比希公司肉类提取物的脚步，味精很快被广泛且持久地用于营养价值微不足道的安慰性食品中：包括上文提到的中式快餐和薯片，当然也包括罐头汤、炖菜和海鲜杂烩浓汤。和便携式汤品一样，味精在野战口粮中也占据了重要地位。在第二次世界大战后，盟军占领日本期间（1945—1952），各国领袖们注意到，只

（上左图）Oxo牛肉汤块广告。出自《星球报》，1912年11月2日。

（上右图）保卫尔广告。出自《潘》，1919年11月8日。

马麦酱广告海报，1929 年。

保卫尔广告海报，1890 年。

"I hear they want more
BOVRIL
My place is at the front"
BRITISH TO THE BACKBONE

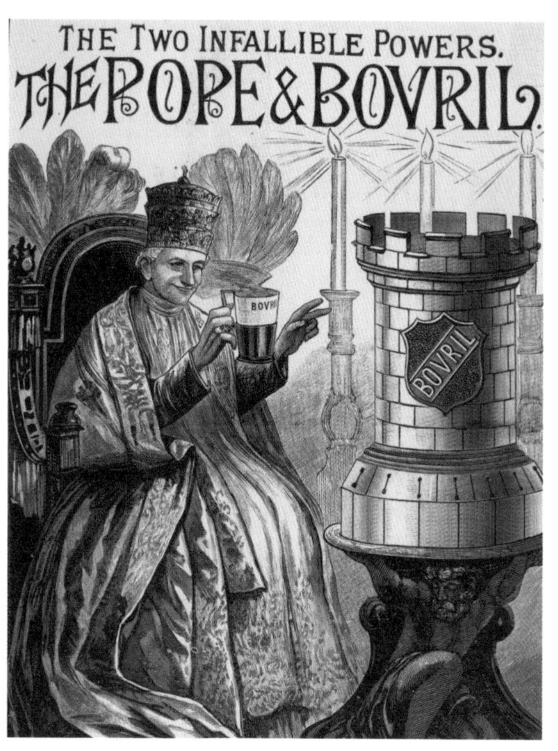

要有可能，他们的士兵更愿意吃日式军粮而非自己国家的军粮。当有人发现味精是造成这种差距的根源时，美军立刻将味精添加到了军粮中。事实上，直到最近，味精仍然是美国军粮中的一种强制性添加物——拉姆福德伯爵要是知道了这一点，一定会感到万分的欣慰吧。

到了 20 世纪，真正的牛肉产品经历了一段艰难的时期。人们对健康食品的兴趣有所提高，再加上经济停滞不前、鸡肉越来越受到消费者们的青睐、大量充斥着模拟肉味的味精罐头食品，削弱了牛肉的吸引力。越来越明显的是，谷氨酸和牛正在进行着一场零和博弈。这种诞生于英格兰、经由南美洲、取自成千上万头被捣碎的牛的风味，就像之前的保卫尔一样，背叛了其纯正的牛肉血统。到了 20 世纪 60 年代，味精赋予了许多预先包装好的食物和罐头食品神奇的味道，尤其是在美国，这使得牛肉行业的从业者们强烈感到该采取应对措施了。大约在 1968 年，开始出现有人产生头痛、冒虚汗、心悸、面部麻木、恶心和虚弱等症状的报道。究竟牛肉行业对这些不断传出的关于味精副作用的传闻应负有直接责任，还是他们只是从中获益，对此，我们难以确认。但是，有一点是可以确认的，那就是：在出现这些关于健康问题的报告的同时，牛

（左页图）第一次世界大战时期的保卫尔广告海报，1915 年。

（上图）教皇和保卫尔。出自《体育及戏剧新闻画报》，1890 年 3 月 1 日。

肉行业也在大力开展其现代化的营销策略和游说计划。区域性和全国性的牛肉业组织，甚至包括一些已经成立了将近一个世纪的牛肉业组织，开始联合起来，共同对付味精带来的威胁。1973 年，他们说服了当时的美国总统理查德 · 尼克松（1913—1994）限制牛肉价格的上涨，以吸引越来越多的被“停滞性通胀”压榨的人。这是一个灾难性的错误，不但使得牛肉的价格猛跌，而且任由名声受损的味精继续抚慰那些任性的人群。这种状况一直持续到 20 世纪 80 年代。暂缓令也只持续了一阵子，对“中餐馆综合征（因惯常和反复使用味精而引起的各种不适症状的总称）”的抱怨宣告了味精的末日即将来临。味精被迫转入地下，不得出现在食品内容的标签上。取而代之的是它的前身，如自溶酵母和水解蛋白。这二者都含有遇到盐时会变成味精的谷氨酸，但在食品内容的标签上不会被当作味精。

为什么各类素食团体从未为味精解围呢？毕竟，至少本着“牛肉从业者是我们的敌人，敌人的敌人就是我们的朋友”的精神，他们应该站在同一阵线上。20 世纪 70 年代或 80 年代似乎应该是他们投身这场战争的最佳时机，正如东方和西方、海带和牛、昆布高汤和大麦汤一样，大家都在力争取得一场决定性的胜利。但对于听起来颇有几分疑似化学感的味精以及充斥着味精的食品添加剂标签，素食者们一直以来充其量也就持一种不温不火的态度。要不是后来被大肆宣扬的味精的副作用让人却步，他们本来可能会很乐意在他们的豆腐火鸡上撒上一些味精，或者用味精代替盐(味精能让少量的盐尝起来更咸）。就这样，素食者错过了与味精和解的机会。我们进入了一个新的千年，却没有看到任何的解决方案，而味精和其日益减少的盟友们仍然在各地与牛奋战着。

近年来，将味精重新定义为一种理念而非一种物质的尝试已经取得了一些成功。鲜味已经和化学物质划清了界限，就像当初将保卫尔和牛划清界限一样。因此，我们现在又能自由自在地用味之素让食物更加的鲜美。当然，对鲜味恋恋不舍的人们，依旧不是那些喝“拉姆福德汤”的穷人，而是中产（甚至上流）阶层人士。原来，即使经历了这一切，还是将令人感到舒适和饱足的食物，卖给原本就安逸饱足的人们更为容易。至于穷人们，像往常一样，就只能自求多福了。

（右页图）保卫尔会使他成长为男子汉。出自《潘》，1919 年 11 月 15 日。

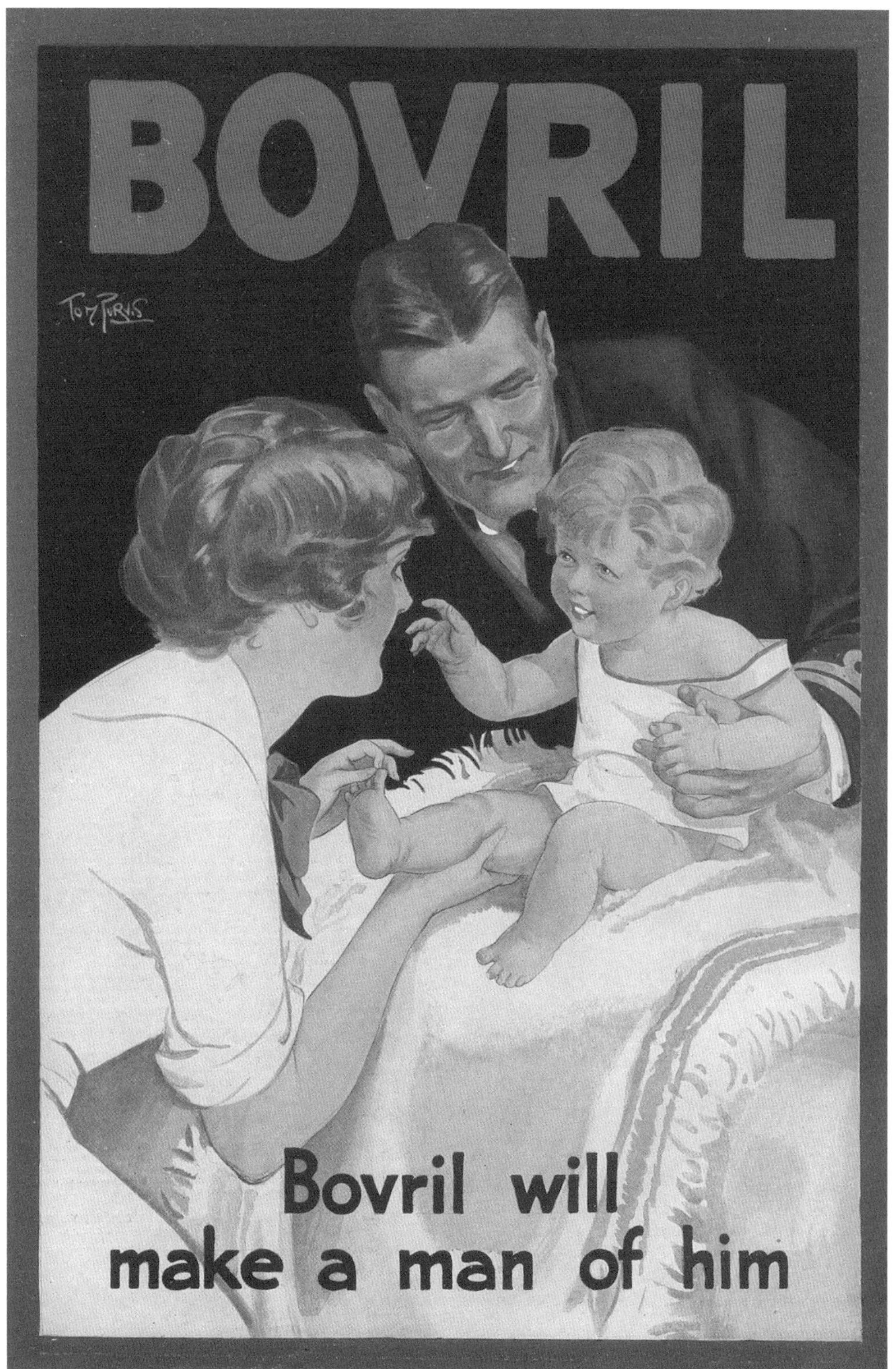
BOVRIL
TOM PURVIS
Bovril will
make a man of him

李比希广告卡，1890 年。

20 世纪中叶的味之素海报。

anuna

ANGAMA

Hic sunt antropo phagi ·

2

第四章

人吃人的时候

仪式、禁忌、精神病

人人都可能有吃人的时候。只是每个人吃人时所处的境况不同罢了：坠机、翻船、在森林里迷了路、刚刚在战斗中打败了一个仇敌、僵尸末日……几个世纪以来，欧洲人一直如此痴迷于所谓的“可接受的”同类相食行为：以至于“六个人在一条船上，但食物只够四个人吃”这样的情节，俨然已成世界各地伦理学课程探讨的一个主题。一位不亚于天主教会的权威人士宣称，要是为了防止饥饿，同类相食行为是可以接受的，只要你不真正动手杀人，或者祈祷“那个看上去很美味的素食主义者先死”就成。非工业社会的人们通常更为乐观，选择只吃“山那边”的人。他们的理由是，如果只吃“别人”，感觉不怎么像同类相食：这更像老虎吃狮子。

即便如此，非欧洲的文化对同类相食行为有着更加明显的禁忌，比如，因同类相食行为而衍生的令人害怕的树怪：北美洲土著人阿尔冈昆人神话中的永不饱足的温迪戈。不过，总的来说，人越多的地方，同类相食越被禁止，至少理论上是这样的。发生在城市里的同类相食行为比在农村地区更加危险，因为城市里有更多的人可以吃，而且城市人的饮食更多样化，因此他们可能更美味。当我们打量着邻居们，心里却盘算着把他们当作晚餐吃掉时，社会契约将荡然无存。那么，向别人借割草机都将极其困难。这些禁令本身也可能会带来一系列的问题，会令一些人痴迷于这样的

（篇章页左图）关于安达曼群岛食人族的插画细节。出自托勒密的《地理学》（1522 年）。

（左图）关于安达曼群岛食人族的插画。出自托勒密的《地理学》（1522 年）。

（上图）描绘狗头人正在吃人的插画。出自托勒密的《地理学》（1522 年）。

（66~69 页图）图皮南巴人烹饪、食用人类的场景。出自泰奥多尔·德·布里的《美洲》（1590 年）。这些版画根据汉斯·斯塔登所著《美洲新世界的真实故事及描述，一个野蛮、赤裸、残忍并且吃人的国度》（1557 年）中的描述创作而成。

想法——就像孩子琢磨被父母藏起来的饼干罐一样，多么美味的食物才会被如此彻底地禁止呀！

“食人族”一词来自加勒比人，即小安的列斯群岛的土著居民，还衍生出加勒比海这个名字和烧烤这个词——也许这并非巧合。关于食人族的最著名的早期记录是汉斯·斯塔登在其撰写的报告中所提及的巴西图皮南巴人。《美洲新世界的真实故事及描述，一个野蛮、赤裸、残忍并且吃人的国度》于 1557 年在德国出版。书的内容不一定是真实的，但至少有一些细节描述可以参考。根据书中的记载，图皮南巴人有吃人的习惯：大多数时候烤着吃；偶尔在家里也会煮着吃。他们的这种做法正是伟大的法国人类学家克劳德·列维－斯特劳斯的理论基础：那就是，食人族会把他们要消灭的人用火烤，而把他们要珍惜的人用水煮——以火对付敌人，以水对待家人。图皮南巴人还会专门为妇女和儿童烹制一种炖内脏，这道菜听起来很像墨西哥内脏炖（一种用内脏炖煮而成的辣味墨西哥汤品），或者菲律宾炖猪血。图皮南巴人把这道菜称之为“mingau”（滑稽的是，这也是现在一家美国牛肉干公司的名字）。

tem ſubigunt, Mingau vocatam, quam illæ adhibitis liberis abſorbent. L
comedunt, tum carnes circa caput derodunt. Cerebrum, lingua, & quic

eſui eſt in capite, pueris cedit. Finitis hiſce ritibus, ſinguli domum repetun
ſumpta portione ſua. Auctor cædis aliud adhuc nomen ſibi imponit. Reg
tugurii brachiorum muſculos ſupernos ſcalpit dente cuiuſdam animantis
ciſori: vbi vulnus conſolidatum eſt, relinquitur veſtigium, quod honori ma
ducitur. Quo die cædes perpetrata eſt, auctor eius ſe quieti dare neceſſe ha
& in lecto ſuo retiformi decumbere totum eum diem: præbetur illi arcus
ita magnus, cum ſagitta, quibus tempus fallit, & ſcopum ex cera adornatun
tit. Quod ſit, ne brachia ex terrore cædis obtuſa, ſeu exterrita fiant tremu
ſagittando. Hiſce omnibus ego ſpectator, & teſtis oculatus interfui.

Numeros non vltra quinarium norunt: ſi res numerandæ quinarium
cedant, indicāt eas digitis pedum & manuum pro numero demóſtratis. Q
ſi

Americani defixis in terra ligneis quatuor furcis craſſitudine brachii, trium
um interuallo, quadrata figura, æquali vero trium fere pedum altitudine,

aculos in transuerſum duobus à ſe inuicem diſtantes digitis ſuperimponunt, atque ligneam cratem comparant: hanc ſua lingua *Boucan* nominant. In ædi- is permultas huiuſmodi crates habent, quibus carnes in fruſta conciſas impo- ant, & lento igne ſiccis è lignis excitato, vt ferè nullus exiſtat fumus, quamdiu et volũtas coqui hunc in modum patiuntur ſingulis dimidiæ horæ quadrãti- is inuerſas. Et quoniam ſale cibos minime cõdiunt, quemadmodum hîc mos t, vno tantum coquendi remedio vtuntur ad eorum conſeruationem, itaque iamſi 30. vno die feras quales hoc capite deſcribemus, eſſent venati, omnes uſtatim conciſas illis cratibus ingererent, quam citiſſime fieri poſſet, ne cor- umperentur: ibi ſæpius circumactæ aliquando plus quatuor & viginti horis orrentur, donec pars interior carnium æque cocta ſit atque exterior, eaque ra- one omnes ſint à corruptione tutæ. Nec in piſcibus apparandis & cõſeruan-

Boucan & Barbarorum culina. Conſeruandorum ciborũ apud Americ. ratio.

America
CON DI TA
MANV
ORE
HISTORIA VERDADERA
DE LA CONQVISTA DE LA
NVEVA ESPAÑA.
Escrita
Por el Capitan Bernal Diaz del
Castillo, Vno de sus Conquistadores.
Sacada a luz,
Por el P. M. Fr. Alonso Remon, Pre-
dicador y Coronista General del Orden de
N. S. de la Merced, Redencion de Cautiuos.
A la Catholica Magestad del
Mayor Monarca D. Filipe
IV. Rey de las Españas y
Nuevo Mundo N. S.
Con Priuilegio, En Madrid, en la Emprenta del Reyno.
D. Fernando Cortes.
P. Fr. Bartolome de O
MEXICO.

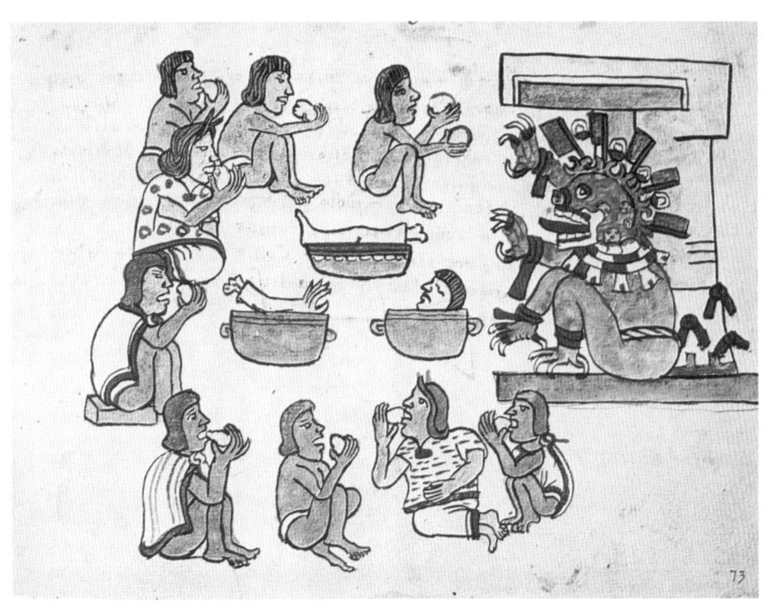

有趣的是，伟大的城市文明往往也因同类相食而闻名于世。到了16世纪初，阿兹特克帝国的规模迅速扩大，人口密度也急剧增加，这导致其养活国民的能力已经达到了极限。这种罕见的恶劣形势迫使人们开始吃人。由于阿兹特克人没有驯养任何种类的食草动物——如牛、猪、绵羊、山羊，甚至连豚鼠都没有，因此大多数生活在特诺奇蒂特兰和特拉特洛尔科（现在的墨西哥境内）的人们几乎完全靠玉米为生，长期处于近乎饥饿的状态。鉴于难以平衡的城市人口与完全不均衡的饮食结构、等级森严的社会制度、需要安抚的愤怒的诸神、因食用玉米而不经意间使其肉质更加美味的市民，最终无可避免地出现了富人吃穷人的现象。和图皮南巴人一样，阿兹特克人也有他们自己的烹饪人肉食谱。

西班牙征服者贝尔纳尔·迪亚斯·德尔·卡斯蒂略（1496—1580）与赫尔南·科尔特斯（1485—1547）在墨西哥并肩战斗，推翻了墨西哥的阿兹特克帝国。卡斯蒂略的回忆录《征服新西班牙信史》（约1578年）中记录了一个显然是用“盐、辣椒和西红柿”炖煮人肉的标准食谱。这不但是当时最好的人肉食谱，还是第一个有文字记录的含有辣椒的食谱，同时也是其出现前后的一百多年间第一个有文字记录的含有番茄的食谱。（直到17世纪末，西红柿才得以在欧洲普及。碰巧的是，卡斯蒂略提到的炖辣椒肉酱中并没有豆类成分，平息了长久以来的关于墨西哥炖辣椒肉酱的争论。）最新的研究发现，墨西哥城附近发现的阿兹特克人的骸骨被香料

（左页图）扉页。出自贝尔纳尔·迪亚斯·德尔·卡斯蒂略的《征服新西班牙信史》（1632年版）。

（上图）食人场景的插画。出自《马格利亚贝基手抄本》（约1529—1553）1903年的摹本。

染成红色和黄色。这为卡斯蒂略记录的食谱提供了佐证。研究者们对阿兹特克人遗留下来的炖肉进行了检验，发现其中含有南瓜子和辣椒，可能还含有胭脂树橙色素（一种从胭脂树的种子中提取出来的橙红色的类胡萝卜素色素，也是一种温和的香料）。这说明，早期的墨里酱可能也含有人肉成分。从味觉角度来看，所有这些解释都是有道理的，因为，据说煮熟后的人肉是甜的，而略带酸味的西红柿正好可以中和这种甜味。

在 18 世纪和 19 世纪，波利尼西亚诸岛因食人而出名，且用“长猪”这一著名的术语来称呼烹制好的人肉也缘于此地（此处翻译存疑）。反过来，“长猪”这样的用语也导致了人们普遍认为人肉吃起来近似于猪肉的味道——对此，我既无法确认，也无法否认。在欧洲，大多数关于食人的描述几乎都是在试图为人们参与更可怕的行为进行辩护——正如法国散文家、哲学家米歇尔 · 德 · 蒙田（1533—1592）所正确指出的那样（见下文）。对于他们而言，土著居民分享给欧洲人的食人故事，无非是为了引发他们的好奇、惊讶和恐惧，而且这些故事本身也有言过其实之嫌。在许多情况下，一方讲述的食人故事往往会抹除或者夸大对方的说法，这就使得最后的报告内容模糊不清，其真实性也令人怀疑。

新西兰的毛利人和斐济人肯定吃过人肉（参见保罗 · 穆恩的《这种可怕的惯例》，2008 年），而且他们似乎也遵循了列维 – 斯特劳斯的理论，

（上图、右页图）食人和人祭场景的插画。出自《博尔博尼克斯手抄本》（约 1507—1522）1899 年 的摹本。

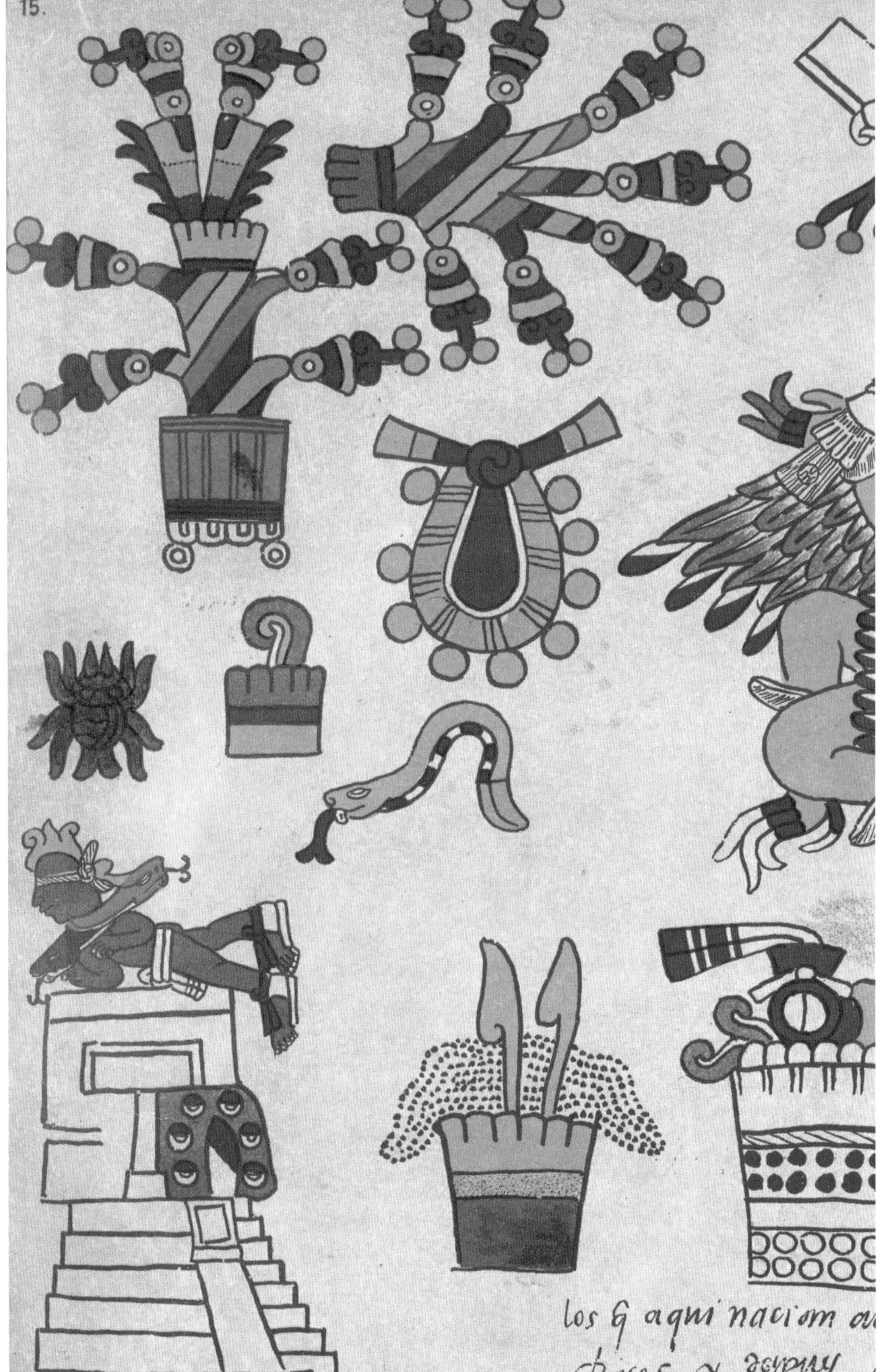
15.
los q aqui naciam
chicos y despues

即敌人用火烤，朋友用水煮。然而，尽管波利尼西亚人以食人而闻名，却不擅长写烹制人肉的食谱，甚至在给那些急切的入侵者们讲述的傻里傻气的故事里也没有提到如何烹食人肉。事实上，在整个食人文化的历史中，只有阿兹特克人和图皮南巴人给我们留下的食谱更为先进，不像斐济人只提到了“用草药烹制长猪”。这表明，令欧洲人痴迷的其他食人族——阿拉瓦克人、易洛魁人、斐济人等，大多与世隔绝，其食人行为具有仪式性，至于其中的意义，欧洲的观察家们并不了解。如果在烹制时不添加某些香料和一两种酱汁的话，即使是最为美味的人肉，最终吃起来也会稍嫌单调乏味吧。

自 16 世纪晚期以来，这些报告似乎先后激起了欧洲人和北美人对食人概念的狂热。欧洲人总是试图将他们正在破坏和征服的文化贴上食人族标签，以此暗示对方的文化既野蛮又不文明。在 19 世纪的北美洲，心理学家们诊断说阿尔冈昆人患有“温迪戈精神病”。这是一种假定的疾病，其症状表现为：患者具有强烈的吃人欲望，即使在有其他的食物可供选择时仍然如此。然而，有趣的是，在给这些文明打上鲜红色的“c”字烙印的同时，现代西方世界里的许多人变得痴迷于食人行为。

食人行为应该是西方文明最大的禁忌之一，但是，相关的文学作品居然如此之多，其规模居然如此之惊人。大部分的作品虽然有趣，但并不真的与吃人有关。乔纳森 · 斯威夫特在其著作《一个温和的建议》（1729 年）中提到，有钱的英国人会吃掉爱尔兰小孩。在其开明而又非常理智的作品《论食人族》（1580 年）中，米歇尔 · 德 · 蒙田将欧洲人的掠夺行为与相对而言更为无害的食人习惯进行了比较。但是，从本质上来说，这两部作品都是为政治服务的，与烹饪没有多大联系。古希腊斯多葛学派的克里西普斯和芝诺认为，食人行为或许是可以接受的，但没有什么证据表明他们把自己的哲学观点抛在一边，拿起餐叉吃人。古斯塔夫 · 福楼拜（1821—1881）、赫尔曼 · 梅尔维尔（1819—1891）和丹尼尔 · 笛福（1660—1731）等作家都在他们的作品中写到过食人行为，但在具体细节的描写方面着墨并不多。著名的墨西哥壁画家迭戈 · 里维拉（1886—1957）声称自己曾经和几个朋友一起过了两个月的食人生活，“而且每个人的健康状况都有所改善”。据说，里维拉的食物取自太平间，而且他只吃“刚被杀死的，且无疾病或衰老之人”。他之所以没有继续吃人，“不是因为觉得恶心，而是因为社会对这种做法怀有敌意”。

1777年9月1日，在塔希提岛阿塔霍鲁的一个大祭坛边，詹姆斯·库克船长目睹了人祭。出自《约翰·韦伯跟随库克船长第三次航行（1777—1779）期间绘制的图稿》。

在文学作品和流行文化中，最著名的食人者当然非汉尼拔·莱克特医生莫属了。他是托马斯·哈里斯笔下的臭名昭著的连环杀手，最早出现在《红龙》（1981年）中。不过，“莱克特”更像是一个反对食人行为的警示故事：佩戴着宽领带，聆听着勃拉姆斯，但呈现出来的却是一场噩梦。一个受过良好教育的、有着很高文化素养的唯美主义者，却迷上了用新潮的烹饪方式来吃人。这种想法或许是一种有趣的心理逃避，但是从同类相食角度来看，这纯属无稽之谈。和汉尼拔·莱克特一样，大部分生活在现实世界中的著名的食人族，并不是真正意义上的食人族，只是一群疯子罢了。到了20世纪，关于同类相食的电影就如同大杂烩一样。《美味法国人的诅咒》（1971年上映，改编自汉斯·斯塔登的臭名昭著的巴西报道，然而影片中并没有斯塔登这个角色），和无意中成了食人题材经典之作的《吃掉雷欧》（1982年）、《厨师、大盗、他的太太和她的情人》（1989年），以及其他一系列电影，都延续了西方人对食人行为既厌恶又痴迷的复杂情结，却丝毫没有任何解决问题的迹象。

英国文学是你能找到人肉烹饪术真正进程的为数不多的地方。从威廉·莎士比亚（1564—1616）的诸多剧作，到维多利亚时代的儿童故事《杰

（左页图）约翰尼斯·尼霍夫的《巴西和东印度群岛航旅记》中所绘的“巴西人”。收录于丘吉尔的《环球旅行记手稿集》（1732年）。

（上图）“为食人盛宴而敲响死亡之鼓”。1913年左右发行于伦敦的异国风情明信片，以满足人们对食人族的猎奇心理。

克与豆茎》（1807年），再到查尔斯·狄更斯（1812—1870）的众多作品中，我们可以发现：英国作家一直痴迷于食物中隐藏的人肉成分。《泰特斯·安德洛尼克斯》（1594年）中，两个角色被烤成了馅饼，并被送给毫不知情的人食用；《杰克与豆茎》中的巨人将人骨头磨成粉，再用来制作面包；颇受欢迎的低俗恐怖小说《一串珍珠》（1846—1847，后来又被称为《理发师陶德》，就像传统的恐怖故事一样，试图把爱尔兰人刻画成食人者）刻画了一名将其受害者出售给馅饼店的杀人魔理发师；在1843年至1844年，即在《理发师陶德》出现的几年前，狄更斯在其著作《马丁·朱述尔维特》中提到了用人肉烘焙的糕点。事实上，狄更斯反复在他的作品中或明或暗地提及过食人行为。在《远大前程》（1861年）中，皮普遭遇了被吃掉的威胁；在《匹克威克外传》（1836年）中，肥仔提到他要想吃掉玛丽；在《双城记》（1859年）中，食人族和吃人肉的食人魔贯穿了整部作品；在《大卫·科波菲尔》中，大卫经常以食人族一词来指代朵拉。但这些都只是主菜上桌前被优雅地端上来的开胃小菜而已。1868年，狄更斯创作了一系列与食物相关的作品，其中的最后一部题为“极有价值的甜点”，作品详细描述了“三明治群岛国王的最后一任厨师的私藏烹饪书”中的几个菜谱，包括英国水手佐柠檬香芹奶油酱汁、梅特尼奇婴儿、扇贝焗水手和面包粉裹船长佐梅汁酱。狄更斯甚至解释说，同类相食只是在所有的本土生物都被吃光后，对动物性食物的渴望而已；当然，言外之意是，由于没有其他的选择，野蛮的食人族可以百无禁忌地大吃特吃，但是英国的食人族必须把满足其食欲的牺牲品掩藏起来。在狄更斯的作品中，这样的例子比比皆是。因此，我认为狄更斯本人患有一种特殊的英国式温迪戈精神病：患者想吃人肉，但前提是必须把人肉藏起来——就像喂孩子吃蔬菜时必须把蔬菜藏在饭中一样，他们一直都没有觉察到自己在吃人肉。这真的很有道理。多少个世纪以来，我们一直被吃人的想法所吸引，却又排斥着这样的欲望，把自己的邪恶梦想寄托在其他群族的身上。这样，我们就能够一边痛骂他们，一边借由他们实现自己的梦想，并将此视为唯一合乎逻辑的解决方法。我是不是在暗示：狄更斯，以及 19 世纪英国社会的各界人士，也许都吃过人肉馅饼和人骨面包，以满足他们甚至对自己都不愿意承认的冲动欲望呢？对此，我不会妄加断言。不过，我可能会查查在查尔斯 · 狄更斯所在的社区里有多少孤儿失踪，只是为了确认一下罢了。

（右页图）《斯温尼 · 陶德，舰队街上的恶魔理发师》（又名《一串珍珠》）的演出说明单（1883 年）。乔治 · 迪布丁 · 皮特改编的一部两幕或多幕传奇剧。

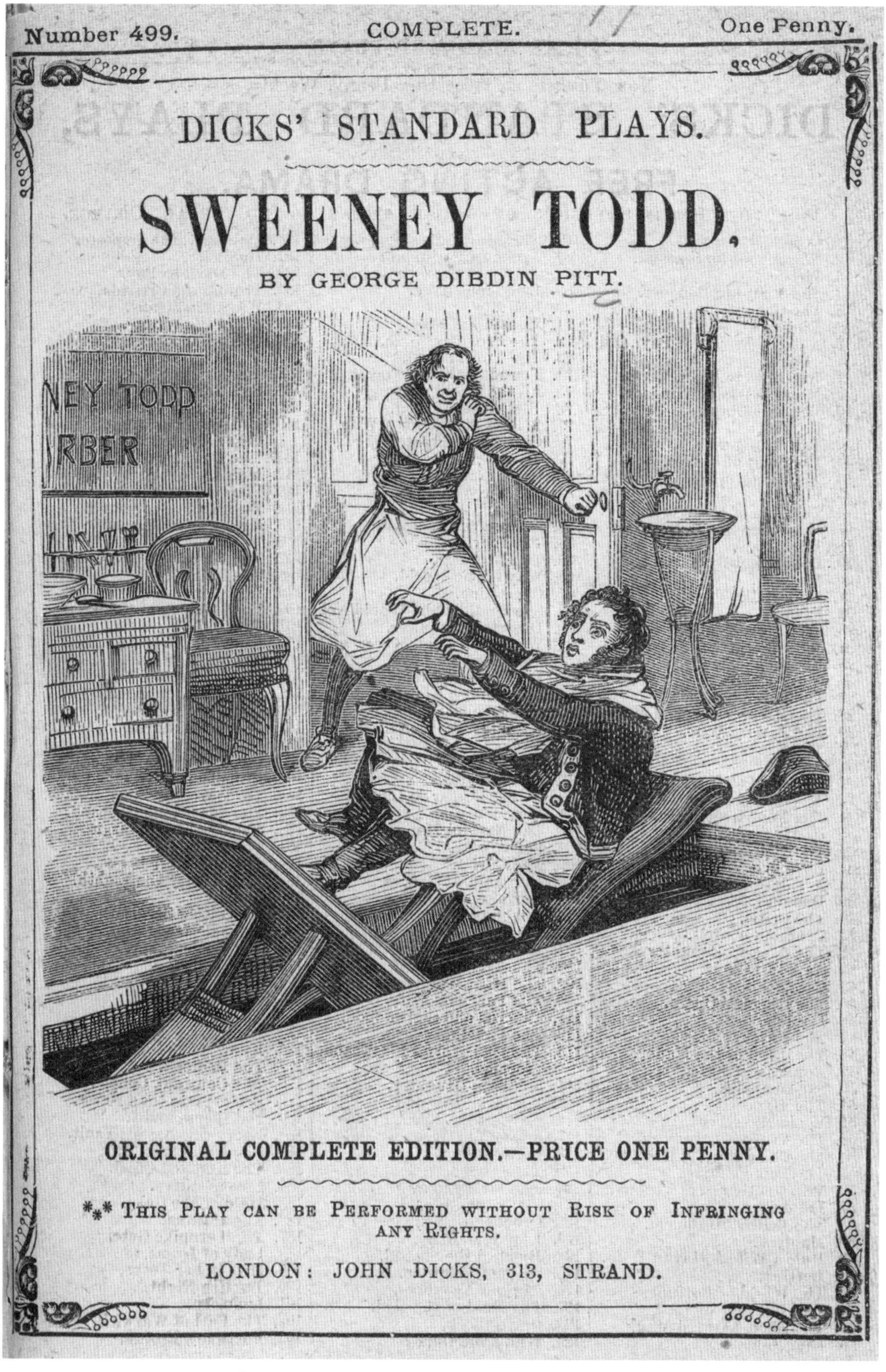

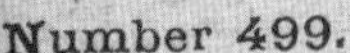
Number 499.

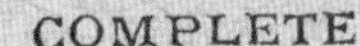
COMPLETE.

One Penny.

DICKS' STANDARD PLAYS.

SWEENEY TODD.

BY GEORGE DIBDIN PITT.

ORIGINAL COMPLETE EDITION.—PRICE ONE PENNY.

*** THIS PLAY CAN BE PERFORMED WITHOUT RISK OF INFRINGING ANY RIGHTS.

LONDON: JOHN DICKS, 313, STRAND.

歌谣《泰特斯·安德洛尼克斯，一部哀伤而又悲惨的历史……》插图（约 1660 年）。

第五章

晚宴

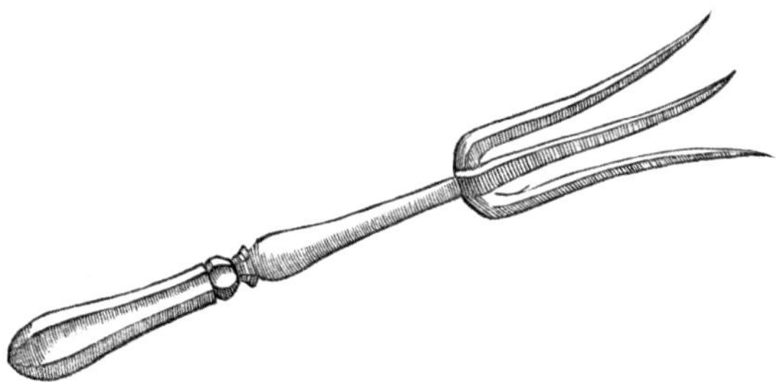

一幕幕惊心动魄的革命

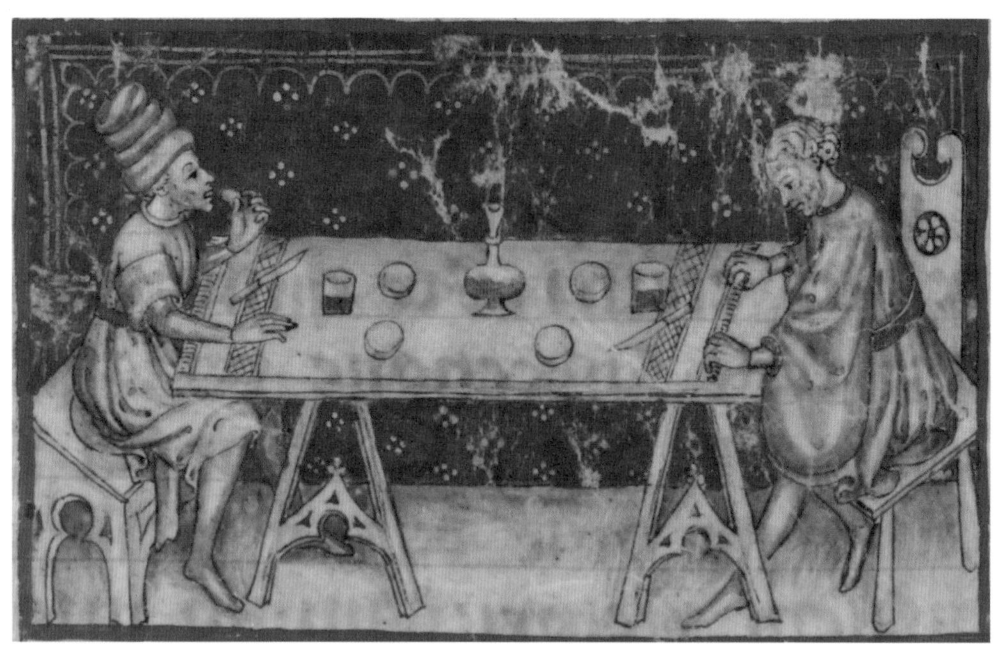

在中世纪的欧洲，上流社会的就餐传统是一次性地将所有的菜肴上到餐桌上，这种风格现在被称为“无序上菜制”。受邀前来就餐的宾客们必须向勋爵和勋爵夫人献媚，而这些宾客则被地位不如他们的人献媚着。人人都按自己的身份和地位行事，所以，即使是大型的聚会或节日庆典，也一定不需要去砍掉许多人的头。餐刀和双手是唯一的用餐工具，人们从油酥糕点皮或被称作餐盘的又硬又厚的面包片上取食。正常情况下，可能只有几个人一起共进晚餐（在食物稀缺的冬天，可能只有勋爵一人），但在春天和夏天，贵族们会举行精致的宴会。在宴会上，三至四道奢侈的菜品被接二连三随机地端到餐桌上。由于偷吃、重复使用和浪费，很难只根据相关的叙述复原这些聚会的确切规模，但是聚会一定十分的喧嚣，且需要全套的厨师、仆人和专家（比如，带领餐前祈祷的神职人员，皇家宴会上手持神奇用具的试毒者等）。在那个时候，厨房就是难以控制的火场，所以通常设置在远离就餐区的地方，且常常建在独立的建筑里，这意味着上菜的队伍必须小心谨慎地护好菜肴，朝着餐桌缓步行进。这样一来，肯定会有些菜肴在上菜的过程中变凉。

大约在16世纪初，出现了单独使用的餐盘和餐叉（除了那些原已存在的用来烹饪和盛菜的餐叉以外）。因此，食物餐点更加精致了一些，但烹饪基调并没有发生多大的变化。随后，法国国王路易十四（1638—

（篇章页左图）《在皇宫花园里的卡米尔·德穆兰》（1848—1849）。奥诺雷·杜米埃绘。

（上图）正在吃饭的两人。出自《美德与风俗之花》（约1425—1450）。

（右页图）一个孔雀馅饼。出自克里斯多夫·魏格尔的《社会各阶层职业图》（1693年）。

（86~87页图）约克公爵、格洛斯特公爵、爱尔兰公爵与国王理查二世共进大餐。出自让·德·瓦夫林的《英格兰新旧编年史》（15世纪晚期）。

Der Pasteten-Becker

Heüt noch voll Prangen, Morgen, gefangen.

In der gezierten Grufft von Teich,
ligt eines Thiers gewürzte Leich:
So steckt der Tod in eitlen Sachen.
Die Welt macht nichts, als auff den Schein,
ihr mürber Boden bricht bald ein.
Hertz! laß uns bey der Freude wachen.

Cy parle dune grant

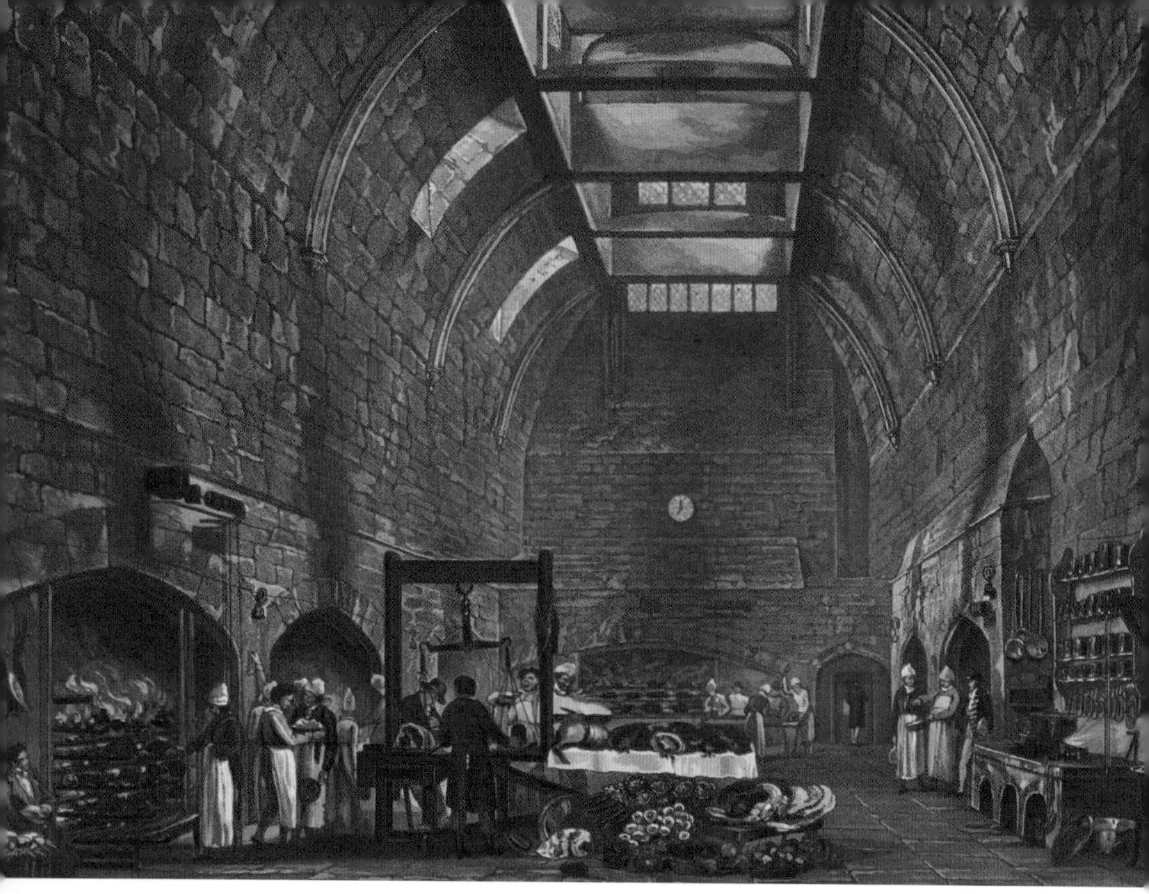

1715）建立了腐朽的文艺复兴式用餐制度，实际上是封建式的用餐制度。1648 年至 1653 年期间，在法国的新兴中产阶级中爆发了被称为“投石党运动”的革命运动，此后，路易十四决定密切关注贵族们的动向，并为那些付得起钱的人们提供机会，让他们接受他的好意，从而得以升迁搬进凡尔赛宫。据估计，被引进到皇宫里居住的王公贵族多达上万人。他们必须亲眼见证国王晚宴的上菜过程，旁观国王和王室成员当众享用二三十道菜肴，这就是典型的皇家晚宴。为了张罗这些铺张的宴会，大约有 500 人在厨房里忙碌。整场宴会持续 45 分钟，从晚上 10 点开始，到 10 点 45 分结束。在用餐期间，贵族们不得交谈，不准向心仪的情妇抛媚眼，甚至当国王想把放在鹌鹑浓汤上的小牛胸腺镶火腿、法式海鲜浓汤、鸭肉佐牡蛎、扇贝、栗子汤佐松露、烤乳鸽、烤肉馅饼和另外七道在甜点还未上桌之前就已经试吃过的菜全部打包带走时，贵族们也不能相互使眼色。国王想到的这个巧妙的办法，不但符合“太阳王”的身份地位，还能延续中世纪浮华、庄重和虔诚的传统，又消除了必须与他人共进晚餐、倾听他人谈话的约束。除此之外，路易十四还能享用最新研发的法式菜肴——第一本伟大

《温莎城堡的古老厨房》(1818 年)。威廉·亨利·派恩绘。

的法国烹饪书《大厨弗朗索瓦》在他亲政的十年前就以出版——这使得法国与当时的其他欧洲国家有所不同。路易十四只是为了突显自己的权力和中心地位，而我参加过的一些晚宴派对，则应该效仿他的安静用餐规定，甚至是 45 分钟就餐时间的法令。

路易十四是一个老奸巨猾的老饕。他深信，小规模宴会的流行风潮能够阻止大群心怀不满的人聚集在一起，讨论如何干掉他——这点也的确不无可能。几十年之后，小型宴会的风潮渗透到了整个法国社会，成为一种常态。弗朗索瓦 · 马西亚洛（1660—1733）撰写的《皇家和中产阶级的厨师》（1691 年）是一本广受欢迎且富有影响力的烹饪书，书中举例说明了晚餐的餐桌该如何布置。与之前的大多数讲述烹饪的作品不同，正如其书名所示，这本书设定的目标读者不仅是上流社会，还包括了正在迅速发展壮大的中产阶级，诸如工匠、商人和未来的革命者等。

路易十四在位的时间很长（1643 年，只有 5 岁的路易十四在摄政委员会的监督下即位），一直到 1715 年，他的曾孙才继承了王位，按传统被命名为路易十五（1710—1774）。相对而言，路易十五是一位略显单纯

餐桌布置。出自弗朗索瓦 · 马西亚洛的《皇家和中产阶级的厨师》（1702 年）。

Premiere
Festin du Ro
plusieurs Prince
les mets et prese
quatre saisons.
Israel Siluestre, deline, et Sculpsit parisijs.

《国王与王后的皇家宴会》（1664 年）。伊斯拉埃尔·西尔维斯特雷绘。为了庆祝迁入凡尔赛宫，路易十四举行了一场为期六天的庆典，其中包括一场以四季为主题的宴会。

Reynes auec
ames serui de tous
r les Dieux et les
Journée
et excud. cum priuilegio Regis .

的君王（许多人甚至声称他头脑简单），不像其曾祖父那样讲究排场。曾孙路易十五继续举办宫廷宴会，但宴会的规模变小，同时减少了侍从的数量和菜品的种类。不过，他赞同研发昂贵而复杂的时髦菜品，促成了半认真、半含讽刺的烹饪书《加斯贡大厨》的问世。这部作品由东贝亲王路易·奥古斯特·德·波旁（1700—1755）本人和他的正式情妇合著。书中详细地介绍了一些菜名颇为滑稽的真实菜品（“绿酱青蛙”“绿猴酱”“没有恶意的蛋”）、超出食用幻想的食物（烹制成驴粪模样的小牛肉、烹制成蝙蝠样子的鸡）以及现在读起来像是恶搞的菜谱（把鸭肉烤熟的目的只是为了取其肉汁，然后淋在鸡肉上）。我们无从知道这本烹饪书有多少正经的成分，但它无疑对 18 世纪中叶无拘无束、荒唐无稽的法式菜肴进行了完美的阐释和无情的嘲弄。

如果连专为富人撰写的烹饪书都透露出即将发生叛乱的迹象，那么，可以想象当时的巴黎社会有多么的腐败。1757 年，仆人罗伯特－弗朗索瓦·达米安（也许是因为极度讨厌把高贵的鸭肉汁烤出来，再淋到鸡肉上）企图暗杀路易十五。而且事实上，他差点儿就成功了，将一把小刀刺入了国王的右肋。刺杀企图引发了国王残暴的过度反应，这一点从对犯人滥用极刑中可见一斑，火烧、剥皮、拖拉以及五马分尸（米歇尔·富尔科在为

描绘罗伯特－弗朗索瓦·达米安被公开行刑场面的版画（约 1757 年），作者不详。

1975 年出版的《规训与惩罚》一书撰写的序言中对此进行了非常详细的描写）。这表明，皇室的放荡生活（和晚餐）并不是迷人的文艺复兴式进步，反而是以艺术和技术之名倒行逆施，加重了中世纪的不平等。自 1610 年以来，再也没有人以这种方式被处死过，以后也不会再有了。

尽管法式大餐突显了社会不平等，但精英阶层偏好少数人共同进餐，所以，餐馆出现了，而且，从此以后人们一直认为就餐应该是私人时间。第一批餐馆于 18 世纪 60 年代开业，到 1782 年时，餐馆大受欢迎。因此，安托万 · 博维利耶尔在巴黎黎塞留街新装修的皇家宫殿里开的英国酒馆大获成功。国王们之前没有想到的是，小型聚会在策划革命中起到了多么重要的作用——前提条件是，允许人们相互交谈。安静用餐的规定始终无法真正实行，所以当路易十六（1754—1793）在 1774 年登上王位时，他所统治的国家已处于爆发革命的边缘，且大多数革命都是在晚宴中策划的。记者兼时事评论家卡米尔 · 德穆兰（1760—1794）以暴脾气而出名，朋友们以激怒他为乐。在 1784 年的一场晚宴上，被激怒的德穆兰跳到桌子上，把盘子、杯子和刀叉等餐具哐当一声扫到地上，慷慨激昂地发表了一篇关于自由、平等、博爱以及革命的共和主义价值观的长篇演说。仅仅五年之后，在 1789 年 7 月 11 日，德穆兰在巴黎皇家宫殿的一张咖啡桌边又发表了一篇与之前非常相似的演说。他的激进理论引发了一连串暴乱。暴乱在三天后的巴士底狱风暴中达到了高潮，法国大革命正式爆发了。

到了这个时期，宴会的规模渐渐地越来越大，俨然恢复成了一场又一场盛会。路易十六希望能借此使得他那摇摇欲坠的政权显得还有几分郑重，但革命的规模也越来越大。正如路易十四所预见到并欲加以防范的那样，大批民众正集结在一起，密谋处死国王。卡米尔 · 德穆兰参与过多场这样的晚宴，席间的人们并不安守礼仪，而是对暴露出来的保皇党人的忠诚和隐匿的腐败做详细的哲学审查；参与者还有屠夫兼演说家路易 · 勒让德尔（1752—1797）、律师且患有轻微狂躁症的马克西米利安 · 罗伯斯庇尔（1758—1794）、第一任公共安全委员会主席乔治 · 丹东（1759—1794）以及演员诗人兼丹东的秘书法布尔 · 德 · 埃格朗蒂纳（1750—1794）。

当然，问题在于，晚宴成了贵族们堕落放荡的一种工具。尽管晚宴已被完全定位为一种革命工具，但其本身的性质仍旧有着不少问题。在这种人为的社交场合中，性格迥异的人们因为酒精和阶级利益而被拼凑到一起：这可能会导致什么问题呢？乔治 · 丹东和马克西米利安 · 罗伯斯庇

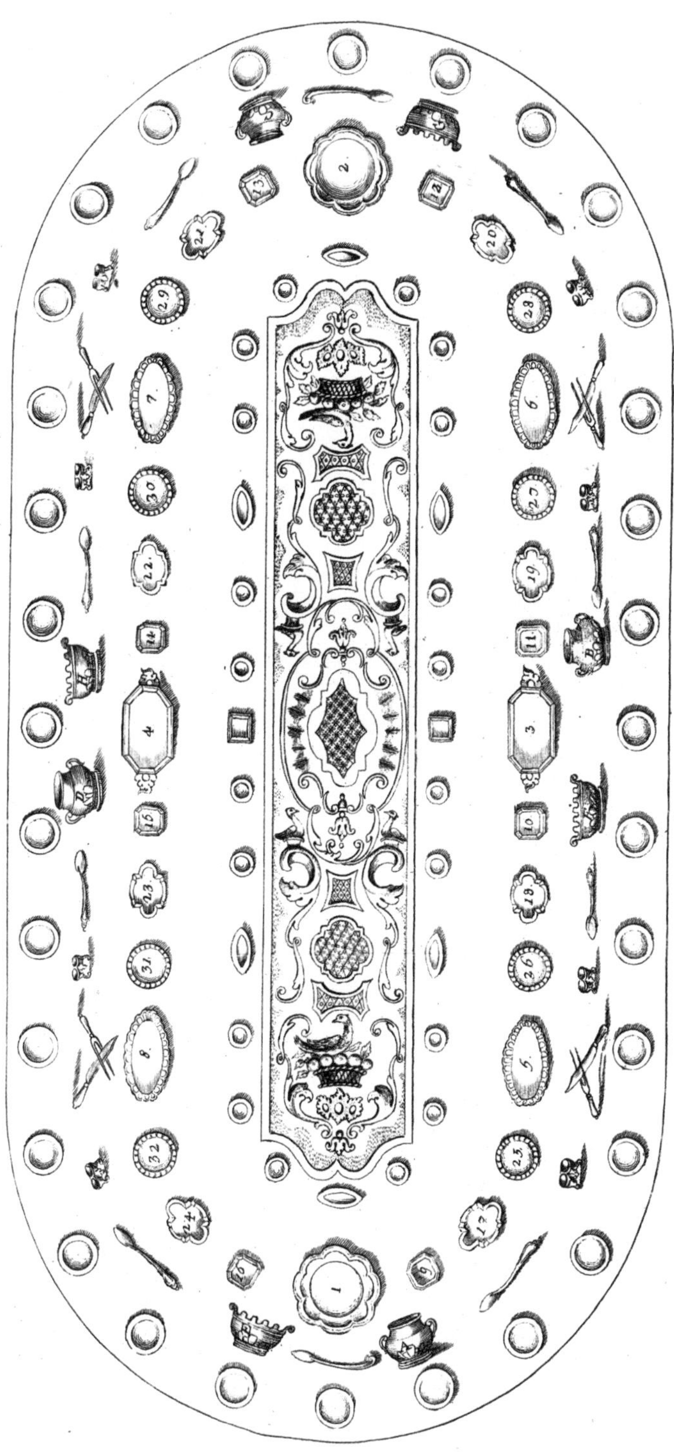

（左、右页图）供 30 位宾客就餐的餐桌布置。出自温琴佐·科拉多的《勇敢的厨师》（1773 年）。

尔是推动法国大革命的两个主要人物。他们之所以长期互怀敌意，几乎完全是因为晚宴上的不快造成的。在晚宴上，一方经常冒犯另一方，而且通常是丹东首先挑起事端。丹东行为粗野，经常抹黑德穆兰，有一次甚至要求一位年轻的女子手持意大利色情文学的创始者彼得罗·阿雷蒂诺(1492—1556）所著的一本淫秽书籍，他的这些做法肯定会惹恼罗伯斯庇尔这个虔诚的清教徒。法国电影《丹东》（1983 年）中曾描述了这两个人在晚宴上的一场大战。1794 年，原本为了促成两人和好而举办的一场晚宴未能达到预期的目的，罗伯斯皮尔随后将丹东送上了断头台。时至今日，在巴黎，被强烈禁止参加宴会仍然被说成“被罗伯斯皮尔了”（遗憾的是，这不是真的，但要是真的就好了）。

和路易十四一样，罗伯斯庇尔也是这类谋反聚会的专家。在参加这些革命者的晚宴时，他总是全神贯注地倾听着别人的谈话，甚至很少停下来吃东西——这引起了丹东的注意和不满。这种持续不断的监视对丹东的秘书法布尔 · 德 · 埃格朗蒂纳非常不利。法布尔总是公开表示对剧作家莫里哀（1622—1673）的喜爱，这在罗伯斯庇尔看来就等同于认同上流社会，

（上图）《哲学家的晚餐》（1772—1773）。让 · 于贝绘。

（右页图）让 · 巴蒂斯特 · 乌德里的蚀刻版画复本，描绘巴黎上流社会的晚宴（1756 年）。

SAVOY
VICTORIA
"The Hotel
Magnificent
Bedrooms, single,
Special Tariff during
No Gas. The
Savoy
The
Private
The Opera-Supper
The Orchestra plays every
THE
Specially adapted for Balls,
The ANGLO-AMERICAN BAR & CAFE
Exhibition of Cigars, crops 1888, in
Chef de Cuisine: M.
General
Hildesheimer & Faulkner

萨沃伊酒店及餐厅的广告（约 1900 年）。

是非常危险的，并因此被送上了断头台。但这也可能会产生完全相反的结果：无论如何都应该在丹东之前或紧随丹东被处以死刑的路易·勒让德尔却没有被处决，就是由于他经常在晚宴上不断抱怨丹东的奢侈品位和生活方式。

正如你所料到的那样，革命的隆重结尾也少不了晚宴。米拉波伯爵奥诺雷·加布里埃尔·里克蒂（1749—1791）和夏尔·莫里斯·德·塔列朗－佩里戈尔（1754—1838）是促进革命成功的两位核心人物。前者是一个声名狼藉的贵族，走的是介于国王与革命者之间的中间路线，第二职业是国王与革命者之间的桥梁；后者是一位主教，也是路易十六的顾问（后来又成了拿破仑、路易十八和路易－菲利普的顾问）。1789 年，巴士底狱风暴发生之后，路易十六加大了巩固政权的力度，以防止其彻底崩溃。在一场盛大的晚宴上，米拉波伯爵的粗鲁举止和奇怪胃口吓坏了宫廷里的贵夫人和侍从。就在这次宴会后不久举行的一场私人宴会上，王室成员们试图把米拉波拉进他们的阵营之中。历史表明，他们成功了。到了 1790 年，米拉波伯爵一边参加着革命，一边为国王和奥地利工作。因实用主义、见利忘义、善搞阴谋而闻名于史的政客——塔列朗，不可能看不出其中的不祥之兆。当米拉波忙着捞钱，并在摧毁国家和维护君主制之间采取中间路线时，塔列朗却准备采取更加极端的行动。他们一起参加了无数场晚宴，互相掂量对方，权衡对方的言辞——然后，塔列朗显然是采取了行动。在巴黎皇宫罗伯特餐厅与其他四人参加了一场漫长的宴会后，塔列朗热心地给米拉波伯爵提供了帮助他消化的咖啡和巧克力，米拉波伯爵随即身亡。

1795 年的一次晚宴，拿破仑邂逅了约瑟芬·博阿尔内，这仿佛在强调晚宴仍然是那些当权者为了巩固和延续他们对其他人的影响力而采取的一种手段。这场晚宴是约瑟芬当时的情人、法兰西内阁领导人保罗·巴拉斯举办的，其目的在于网罗拿破仑加入反革命阵营。随后，法国一直在共和政体和君主制之间摇摆，历经恐怖统治和数十年的动乱，这是否都应该归咎于这场晚宴呢？

一个人勇敢地站了出来，试图在晚宴造成这一切问题之前摧毁它。如同萨德侯爵的虐恋行为的根源在于企图摧毁天主教会及其所代表的一切一样，有一个人也试图攻击这个像天主教会一样把法国人牢牢地控制在手的习俗。1783 年，一位名叫亚历山大·巴尔塔扎尔·洛朗·格里莫·德·拉雷尼埃尔的律师举办了一场假的丧葬晚宴，17 名客人被锁在房内，300 名

伦敦大都会酒店的橡树沙龙餐厅（1901 年）。

旁观者应邀在上面的阳台上观看。这场晚宴属于暴力行为，故意营造令人感到不安和不愉快的气氛。客人们被作为人质扣押至第二天早上，才吃到各种各样的菜肴（据说每一道菜里都含有猪肉）。近 200 年之后，伟大的电影制作人路易斯 · 布努埃尔探讨了许多与暴力和堕落相关的主题，而这也正是晚宴的核心问题所在，而且布努埃尔一心一意抓住这些主题不放的态度肯定会让格里莫 · 德 · 拉雷尼埃尔引以为傲。一开始就越来越荒谬且漏洞百出的空虚的中产阶级晚宴（《中产阶级的审慎魅力》，1972 年），将赴宴者困在豪宅中，一层一层地剥去他们的文明礼仪，犹如后法西斯主义地狱似的晚宴（《泯灭天使》，1962 年）以及变为一场绅士排泄聚会的晚宴（《自由的幻影》，1972 年），这一场又一场的晚宴暗示我们：虽然晚宴设置的场景可能会不同，但恐惧一直存在。

当然，要是格里莫 · 德 · 拉雷尼埃尔当初更为成功的话，也许就不会有布努埃尔的成就了，也不会再有聚会了。但是，这个年轻人当时只有

25 岁，他做得太过分，也太急于求成了。他身着父亲的衣服扮成猪的样子来主持随后的聚会，从这样的噱头就可以看出这一点。人们常说幽默感总是隔代遗传的。格里莫的父亲就是很好的例子，他把格里莫“打包”送到了农村，强迫他不得参加革命。等格里莫回来时，他的年岁增长了，但令人遗憾的是，他也更世故了。他看到了餐馆的光明前景，成了积极的餐馆倡导者。事实上，后来，他发起了餐馆美食评论。他在巴黎四处转悠，寻访每一家新开的餐馆，确信餐馆与革命前的特权和上流阶级的死气沉沉形成了鲜明的对照。但是，事实果真如此吗？

虽然餐馆确实不像晚宴那样具有那么多令人不快的特征，但它们仍然延续着许多晚宴的传统，这一点也是不可否认的。当踏入一家高档餐馆，或者一家设计得令人觉得非常舒适但十分乏味的连锁餐馆时，你不会觉得仿佛回到了过去，并由此产生一种令人颤抖的厌恶感吗？这是否和收到亨德森夫妇的晚宴邀请函时的感觉是一样的呢？坐在高级餐馆里，你不同样是在观察着别人用餐，也反过来被别人观察着吗？每个人都在谈话——他们正在谈论着你吗？这可说不定呢。装着甜点的手推车从身边经过，你仿佛可以听见路易十四正在某处呼气。下次，也许应该来一场野餐革命吧。

（右页图）卷首插图。出自格里莫·德·拉雷尼埃尔的《美食家年鉴》（1812 年），展示了美食家的“藏书”。

（104~105 页图）“优雅的晚宴餐桌布置”。出自西奥多·弗朗西斯·加勒特的《实用烹饪百科全书》（1892—1894）。

Bibliothèque d'un Gourmand
du XIXe. Siècle.

MENU

GARTON'S
H.P.
REGD TRADE MARK
SAUCE
FRUITS
MALT VINEGAR
H·P

第六章

酱汁

神秘而疯狂的味道

19 世纪末，化学家约翰 · 李和威廉 · 派林发明了伍斯特郡酱汁，这一发明一直被认为是一个幸运的意外。这个故事的最新版本大致是这样的：桑兹勋爵刚从东方回来，带回一个配方，但根据该配方配制出来的酱汁非常难吃，所以最后被丢弃在了地下室里；几年后，在处理这只装有酱汁的木桶时，李和派林却发现酱汁奇迹般地成熟了，居然成了人们现在熟悉的浓郁味道的酱汁。正如你可以想象的那样，大家欣喜不已。

像这样无意之中发明食物的故事有几十个，包括蛋黄酱、墨西哥国菜巧克力辣酱、里斯花生酱杯、薯片、豆腐，等等。然而，这些故事的真实性都有待商榷。虽然我确信总有一天我们会听到真实的故事，但通常来说，绝大多数的故事都是为了掩盖或简化那些不方便处理或者难以处理的真相而杜撰出来的。

几个世纪以来，英国人一直对现在被称作“鲜味”的谷氨酸重口味情有独钟——早在 1837 年伍斯特郡酱汁诞生之前就是如此。在 18 世纪的大部分时间里，凤尾鱼香精是英国餐桌上不可替代的调味品。身为调味品专家，偶尔也写写诗的第六代拜伦男爵——乔治 · 戈登 · 诺埃尔非常清楚这一点。在他的叙事长诗《贝珀：威尼斯故事》（1817 年）中，拜伦对在意大利大斋期间遭遇的酱料缺乏哀叹不已：

> ……因为他们的炖菜没有酱汁；
> 这一点就引来多少的“嘘”和“呸”，
> 咒骂与厌弃（这些话难称女神缪斯）。

（篇章页左图）《添油加醋的童谣》（约 1920 年）。出自米德兰醋行制作的一本小册子。

（上图）两个维多利亚时代的装凤尾鱼酱的陶瓷罐盖子。

（右页图）英国的调味品广告（1880 年）。在与东印度公司进行贸易时，商人们把各种“酸辣酱”带回英国，这些调味品很快就在英国流行起来。

Evan. 6577

Dec/80

NOTICE TO VISITORS.

The only Stand

NO. 13,

IN THE CATTLE SHOW,

Where the Celebrated

NORFOLK KETCHUP,

WEST INDIAN

MANGOE CHUTNEY,

AND

CHUTNEY SAUCE,

Can be Obtained.

2187 Bottles Sold in Two Days at the Food Exhibition.

Sample Bottles, 6d. each.

WORKS:

M. YOUARD, Spencer Street, E.C.

HUXTABLE & CO., Commercial Printers, 243, Liverpool Road, N.

旅行者自小就有的习惯

吃鲑鱼时酱油至少要来点；

因此我要谦恭地推荐那种

“奇妙的鱼露”，还未漂洋过海

就要叮嘱他们的厨师，妻子，宾朋，

步行或骑马到海滨，大量购买

（如果此前已经出发，也要寄送

尽可能地避免损坏），

番茄酱、酱油、辣椒醋和哈维酱，

否则，天啊！一个大斋节足以饿死汝等……

拜伦男爵提到的“奇妙的鱼露”来自一则当时随处可见的伯吉斯凤尾鱼香精广告。在18世纪末至19世纪初时，这种香精是一种非常受欢迎的调味品，能够与之相提并论的还有雷丁酱（刘易斯·卡罗尔于1869年创作的诗歌《诗人是培养出来的，不是天生的》以及儒勒·凡尔纳于1873年创作的冒险故事《八十天环游地球》都提及过这种酱汁）以及其他一批商业化的、当时颇受青睐但现在已被遗忘了的鱼露品牌。拜伦还提到了大豆（当然，他指的是酱油，一种从中国和日本引进到英国的新产品）和（蘑菇）番茄酱。我们现在已经知道，这两种酱料都是因为富含谷氨酸和浓郁的鲜味而广受喜爱的。酱油一经引进就立马变成了热门货，因此出现了许多种家制酱油配方。要在家里自制酱油，必须先将大豆煮熟、捣碎、做成豆饼，然后让豆饼发霉，再将其晾干，最后还要发酵好几个月。这个过程是急不得的，如果想吃鲑鱼时搭配酱油，你别无选择，除非你有钱购买昂贵的进口酱油。在19世纪的前十年，这样的配方被反复印刷并迅速传播。这表明，作为最新的谷氨酸添加剂，酱油突然之间风靡了起来。

大豆和伍斯特郡酱汁有什么联系呢？人们认为，至少从19世纪中叶开始，酱油就一直是伍斯特郡酱汁的秘密配料之一。这一点似乎在2009年得到了证实，当时一位受雇于李－派林公司的会计师从一个大垃圾箱中捡到了一份早期的配方。原来，英国的伍斯特郡酱汁主要用两种最受欢迎的酱料原料——酱油和凤尾鱼香精——以及其他香料和配料配制而成，这使得它不像最初看起来那么奇特了。以日本为例，将酱油与其他液体混合配制二次调味料的做法由来已久，日式酱油露（添加鱼高汤、米酒和调

（右页图）戈登-迪尔沃斯番茄酱广告卡片（1881年）。

GORDON & DILWORTH.
NEW PROCESS
GORDON & DILWORTH
TOMATO CATSUP
NEW YORK
See other side.
TOMATO CATSUP.

THE

Art of Cookery,

MADE

PLAIN and EASY;

Which far exceeds any Thing of the Kind ever yet publiſhed.

CONTAINING,

I. Of Roaſting, Boiling, &c.
II. Of Made-Diſhes.
III. Read this Chapter, and you will find how Expenſive a *French* Cook's Sauce is.
IV. To make a Number of pretty little Diſhes fit for a Supper, or Side-Diſh, and little Corner-Diſhes for a great Table; and the reſt you have in the Chapter for *Lent*.
V. To dreſs Fiſh.
VI. Of Soops and Broths.
VII. Of Puddings.
VIII. Of Pies.
IX. For a Faſt-Dinner, a Number of good Diſhes, which you may make uſe of for a Table at any other Time.
X. Directions for the Sick.
XI. For Captains of Ships.
XII. Of Hog's Puddings, Sauſages, &c.
XIII. To Pot and Make Hams, &c.
XIV. Of Pickling.
XV. Of Making Cakes, &c.
XVI. Of Cheeſecakes, Creams, Jellies, Whip Syllabubs, &c.
XVII. Of Made Wines, Brewing, *French* Bread, Muffins, &c.
XVIII. Jarring Cherries, and Preſerves, &c.
XIX. To Make Anchovies, Vermicella, Catchup, Vinegar, and to keep Artichokes, French-Beans, &c.
XX. Of Diſtilling.
XXI. How to Market, and the Seaſons of the Year for Butcher's Meat, Poultry, Fiſh, Herbs, Roots, &c. and Fruit.
XXII. A certain Cure for the Bite of a Mad Dog. By Dr. *Mead*.
XXIII. A Receipt to keep clear from Buggs.

By a LADY.

The SECOND EDITION.

LONDON:

Printed for the AUTHOR, and ſold at Mrs. *Wharton*'s Toy-Shop, the *Bluecoat-Boy*, near the *Royal-Exchange*; at Mrs. *Aſhburn*'s China-Shop, the Corner of *Fleet-Ditch*; at Mrs. *Condall*'s Toy-Shop, the *King's Head and Parrot*, in *Holborn*; at Mr. *Underwood*'s Toy-Shop, near St. *James's-Gate*; and at moſt Market-Towns in *England*.

M.DCC.XLVII.

[*Price* 3 s. 6 d. *ſtitch'd, and* 5 s. *bound.*]

关于酱汁广泛使用的说明。出自汉娜·格拉斯的《简易烹饪艺术》(1747 年)。

SAUCES, PICKLES AND BOTTLED FRUIT.

STORE SAUCES, VARIOUS PICKLES AND BOTTLED FRUITS FOR TARTS AND COMPÔTES.

酱汁、泡菜和瓶装水果。出自比顿夫人的《家务管理手册》（1892 年版）。

A SLIGHT SHAKE BEFORE
PULLING THE CORK,
IS AN IMPROVEMENT.
SOLD
TO HER MAJESTY 21 SOHO SQ
WHOLESALE AND FOR EXPORTATION BY MESSRS
CROSSE & BLACKWELL SOLE AGENTS & PURVEYORS
AS
Lee
SOYER'S SAUCE.
Sold only in the above bottles, holding half-a-pint.
PRICE 2s. 6d.

索耶酱（1849 年）。

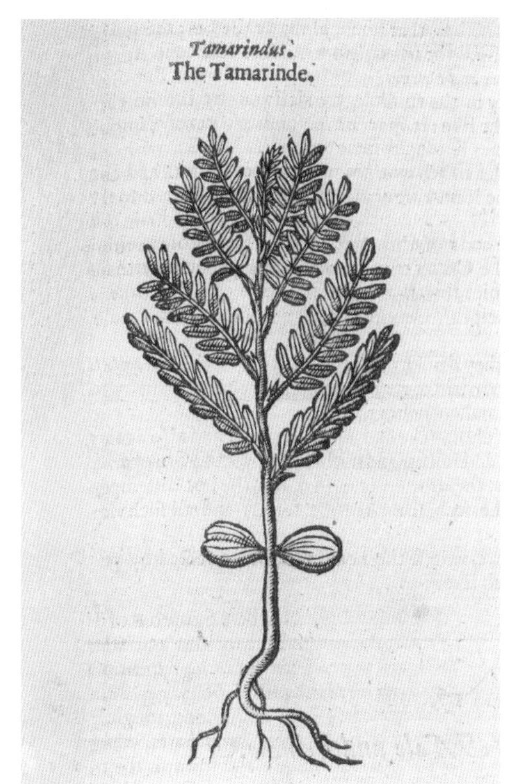

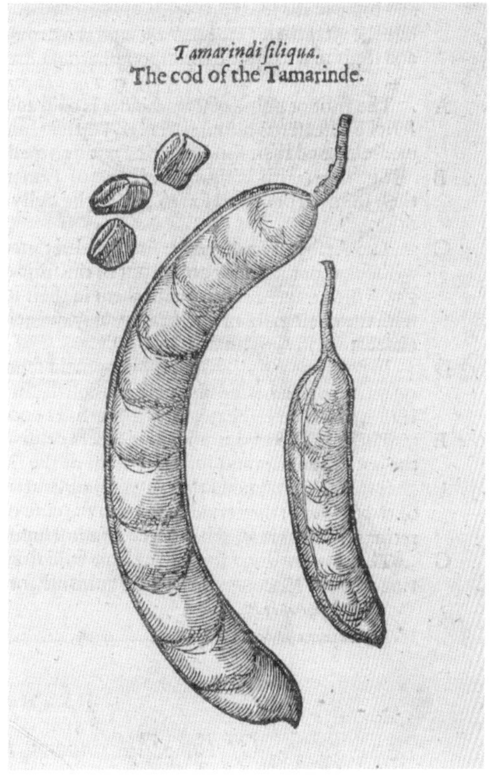

罗望子。出自约翰·杰勒德的《植物史》(1633年)。

味料配制而成，用以搭配面条）、柑橘调味酱油（添加柑橘类的柚子作为底料）以及佐料酱汁（混合盐、糖和大豆配制而成，用以搭配被称为寿喜烧的牛肉火锅），全都遵循了这一原则。在英国，安·沙克尔福的著作《现代烹饪艺术》（1767年）提到，原始的伍斯特郡酱汁由蘑菇“调味酱”组成，成分包括胡桃泡菜、大蒜、凤尾鱼、辣根和辣椒，需要发酵一周的时间。因此，伍斯特郡酱汁或许有可能是根据曾担任过孟加拉总督的桑兹勋爵（但他究竟是谁，已无法考证）的指示将各种配料混合在一起，并将这种混合物放置在地下室，从而无意中使其发酵成熟而酿成的，且神奇地成了世界上知名的调味品。但是，这一切都不重要。重要的是，历经艰苦的酱汁大战之后，伍斯特郡酱汁幸存了下来，战胜了伯吉斯凤尾鱼香精、雷丁酱以及早期的番茄酱、胡桃和蘑菇酱，并赢得了独特的地位。

伍斯特郡酱汁不仅仅是品尝起来味道复杂；它真的很复杂。除了鱼露和酱油这两种本身就是调味品的成分以外，它的其他成分结合在一起形成了第三种秘密酱汁，类似于早期的印度咖喱。这第三种酱汁，表面上看是一种辅料，但其实可能才是真正的底料。这与桑兹勋爵版本的伍斯特郡酱

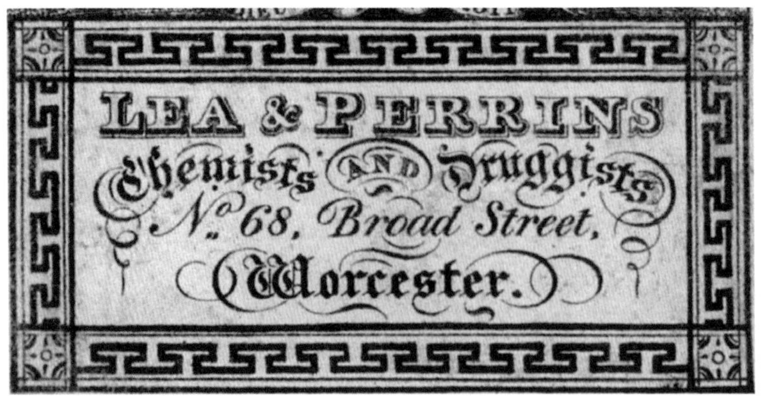

汁起源的说法不同。这些配料——糖蜜、洋葱、盐、罗望子和辣椒，极有可能就是具有代表性的早期的印度咖喱的底料，而且它们已经在亚洲流传了好几个世纪。神话般的桑兹勋爵和他那长期受苦的妻子桑兹夫人可能的确在亚洲各地游历期间在许多餐桌上碰到过这样的酱汁。为搭配米饭而调制的各种各样的原创调味酱料已经在东亚地区盛行了上千年。罗望子，一种很久以前被带到印度的非洲酸果树，往往是这些调味酱料的核心配料。事实上，关于伍斯特郡酱汁的起源，还有一个更为古老（大约 1888 年）的版本：臆想出来的桑兹夫人非常想念她在东方时惯常食用的"咖喱粉"（在此，暂且不论咖喱粉是英国发明的这一客观事实），一位朋友便热心地给她提供了一个很不错的配方，而把按照这个配方配制出来的调味品添加到液体中，就变成了李－派林伍斯特郡酱汁。无论多么偶然，也许这些奇闻逸事还是有几分真实可信的。

这三种亚洲酱料——鱼露（曾在罗马帝国时代的欧洲出现，但自"黑暗时代"后就消失了，直到最近才又从亚洲进口到了欧洲）、酱油（先从中国，后来又从日本进口）和一种以罗望子为底料的咖喱酱料——可能并不像李－派林希望我们相信的那样同时到达了欧洲，但肯定是同时离开亚洲的。由于被大肆推销，且非常适合远洋航行，19 世纪的航海世界，在开往每一个港口的每艘船的船舱中都可以找到它们的踪迹。李－派林做到了这一点：他们聪明地让瓶装酱汁登上了每一艘英国远洋轮船，并给乘务员提供奖金，请他们给乘客们提供伍斯特郡酱汁。远洋航程如此之漫长，食物又如此之清淡，难怪世界上有一半的人在走下跳板时已经习惯了伍斯特郡酱汁的味道，也许手里还紧紧握着一瓶打算带回家呢。伍斯特郡酱汁是第一种通过病毒式营销遍及全球的食物。英国人和他们的船只到了

伍斯特郡酱汁问世之前的李－派林药店广告（约 1830 年）。1837 年，两人开始在他们位于布罗德街的药店后院里配制酱汁。

哪里，哪里就有伍斯特郡酱汁。那么，如果这款酱汁让所有的食物尝起来都是一个味道，怎么办呢？关键在于，全世界的人们都接触过这种奇怪的酱汁，并因此发生了永久性改变，大家的口味又接近了一些。现在，我们可以利用互联网来集结大家的意见，因此，身处吉隆坡、布里斯托和利马的人们可以一起讨厌贾斯汀·比伯，又或者对同一款（白色和金色的）服装有着同样的看法。然而，在 19 世纪，任何如此广为人们接受的东西都是革命性的创举。

尽管伍斯特郡酱汁深受欢迎，但其液体特性使得它不适用于某些情况。大约在 19 世纪和 20 世纪相交之际，有人想出了一个绝妙的主意，可以把第三种酱料，即罗望子酱调制成一种浓稠的褐色酱：用番茄作为底料取代原来的鱼露和酱油，同时又保有“鲜味”（番茄是含有天然游离谷氨酸最多的蔬菜之一）。于是，HP 酱就这样诞生了！有趣的是，尽管 HP 酱中缺乏了许多伍斯特郡酱汁的招牌性成分，而且二者用途、外观和黏度上存在着巨大差异，但长期以来，人们一直认为 HP 酱和伍斯特郡酱汁密切相关，仿佛他们凭直觉就能看出二者掩盖在奇怪的伪装下的同根同源的相似

李 - 派林公司的广告卡（约 1905 年）。

性。它们到底是什么关系呢？ HP 酱到底是伍斯特郡酱汁的父母、子女，还是它的手足或孙辈呢？

有人说 HP 酱的诞生也纯属偶然，这也没有什么好令人觉得惊讶的。据说，米德兰醋行的老板埃德温·萨姆森·摩尔于 1903 年从弗雷德里克·吉布森·加顿手中收购了这一配方。加顿自 1895 年左右，就一直以“加顿牌 HP 酱”之名贩卖这种酱料。尽管经营着世界上最大的醋行，摩尔却亲自登门拜访加顿，缴纳了 150 英镑之后，闻到了从密室里飘来的制作酱料的阵阵味道。他被这种味道吸引住了，并因此免除了加顿所欠的债务，以换取酱料的配方。据说，HP 酱这个名字来自加顿听说这款酱料在国会大厦很受欢迎的传言。随着 HP 酱在世界上的广为传播，棕酱开始在世界各地崭露头角：在美国，有 A-1 牛排酱，即（令人遗憾地）未经过任何改良的预调 HP 酱；在爱尔兰，被称作主厨酱；在哥斯达黎加，有令人惊叹的利札诺酱；而在澳大利亚和其他地方，则披上了烧烤酱的外衣。

19 世纪中叶，日本恢复了明治天皇的实际统治。日本社会发生了许多变革，其中包括接纳西方的影响和思想。不可避免地，肯定会有些思想与饮食相关，而且各种各样的西式食物和食品理念被引入到日本。据说，

（上图）主厨酱和拉赞比酱的广告。出自《画报》周报，1904 年 10 月 8 日。

（右页图）约克夏调味品的广告。出自《画报》周报，1904 年 10 月 8 日。

YORKSHIRE
RELISH
THE MOST DELICIOUS SAUCE IN THE WORLD.
The cold joint, the remains and fragments of yesterday's meat, fish, poultry, or vegetables, may be made into tasty and appetising dishes by the addition of this famous condiment. Its uses in cookery are unlimited, and it is indispensable to the busy housewife.
Sold everywhere in bottles, 6d., 1/-, & 2/- each.
DON'T TAKE SUBSTITUTES.
SOLE PROPRIETORS:
GOODALL, BACKHOUSE & CO.,
LEEDS.

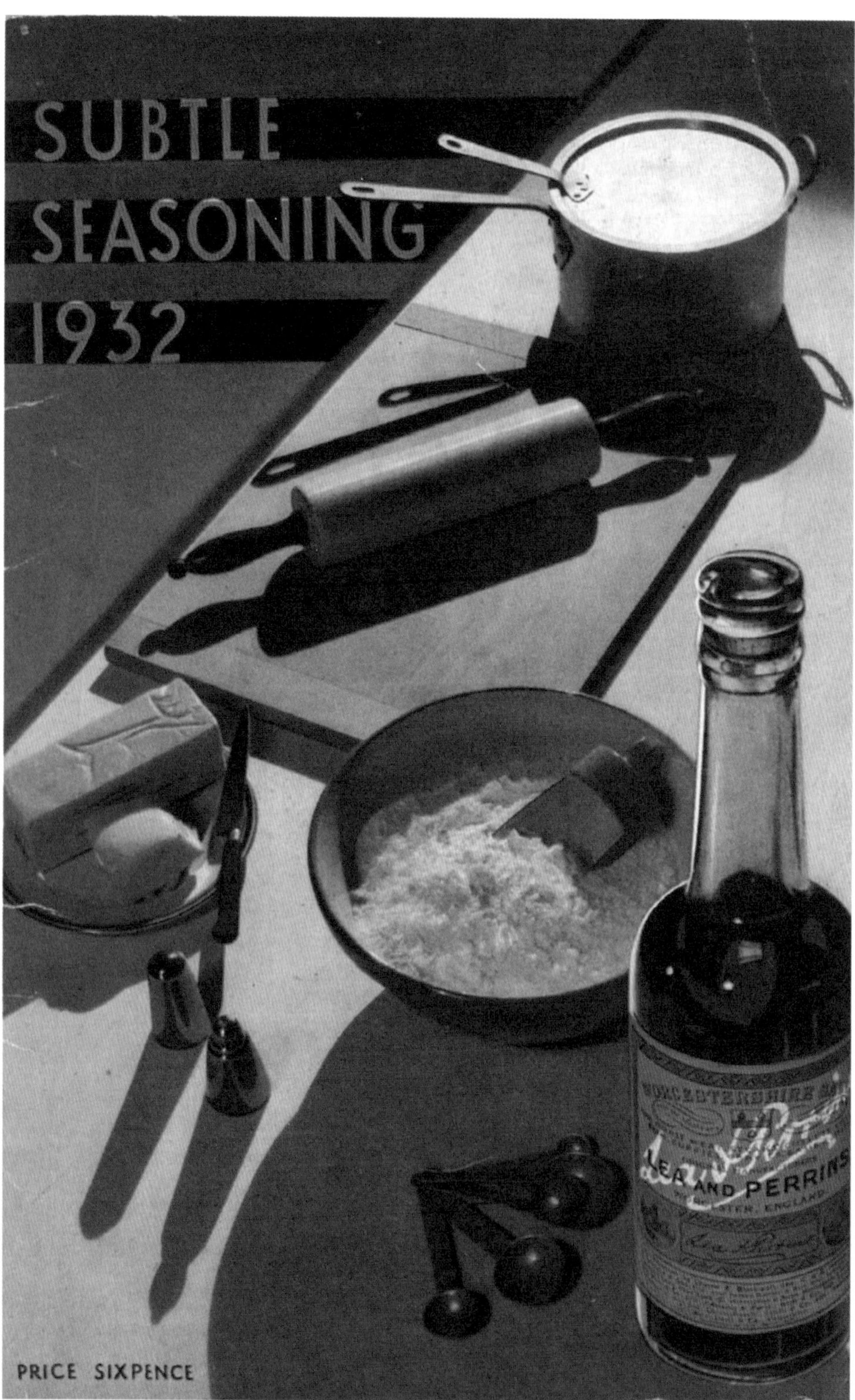
SUBTLE
SEASONING
1932
LEA AND PERRINS
PRICE SIXPENCE

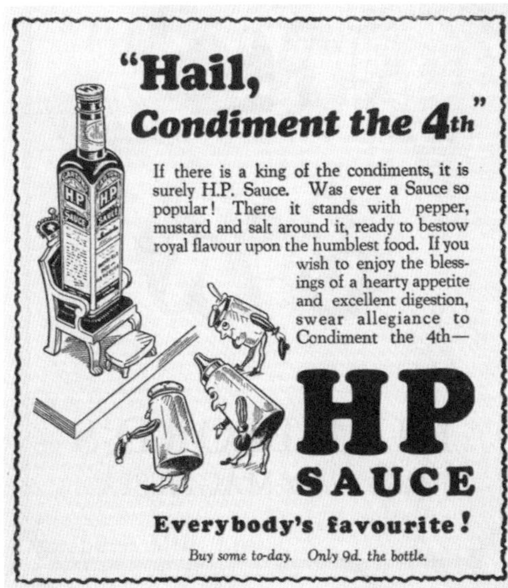

炸猪排就是其中之一，而与之搭配的炸猪排酱就是含醋量较少的 HP 酱。

我认为，炸猪排是在明治维新时期（通过津津有味地吃着炸肉排的奥地利人？）从欧洲传入日本的这种可能也许有些言过其实，因为炸猪排一词是用日本汉字（一种源自中文的字符）书写，而不是用多来表示外来词的片假名。鉴于在日本原本就已经有裹上面包屑油炸的肉类食品，似乎没有欧洲人插手，日本人也极有可能已经掌握了如何给猪肉裹上面包屑再油炸的方法。炸猪排酱受欢迎的程度怎么说都不为过。它不仅用于猪排，还用于蔬菜煎饼、汤品、炖菜、面条，甚至米饭——是的，米饭也离不开它。人们争论着哪个品牌炸猪排酱最好，是否值得自己动手制作。最受欢迎的品牌被称作"英国斗牛犬"。之所以如此命名，意在提醒人们它源于英国，同时也给它添加了几分迷人的异国风情。

所以，在作为伍斯特郡酱汁的多种外围成分而隐藏了近百年之后，这款以罗望子为底料的酱料，先是绕了半个地球被当作亚洲酱汁进口到了英国，后来只是为了淋到米饭上，又从英国回到了亚洲。这就是棕酱的故事，一个去而复返的故事。

（左页图）李 - 派林公司出版的食谱《微妙的调味料》（1932 年）的封面。

（上图）HP 酱广告。出自《好主妇》杂志，1934 年 7 月。

（122~123 页图）李 - 派林公司的广告。出自《画报》周报，1904 年 10 月 8 日。

Lea
THE ORIGI

WORCESTE SHIRE

第七章

可可

关于兴奋饮食的抢夺史

巧克力是一种令人困惑的东西。墨西哥文明中已知最为古老的奥尔梅克人（约公元前1200年至公元前400年）懂得一种神奇的方法，能够把可可豆发酵、碾碎，然后制成一种浓醇的、脂肪含量很高的饮料。玛雅人对此种做法进行了改进，将磨碎后的可可豆制成热饮或冷饮，还往里面添加了香草、辣椒和红木种子，以丰富饮料的色泽和味道。可可豆曾被用作货币、用于血祭或者作为提神饮料提供给武士。千百年来，人们大肆争夺、交换、囤积、买进、卖出、推销、渴望和贪婪地吞食可可豆。孩子们伸出脏兮兮的小手向我乞求的这种糖果看似这么的无害，难道它真的是传说中威力无比的可可吗？我们该如何认识这种被嗜血的国王、红衣主教和美第奇家族钟爱的无所不在的小糖果呢？

可可豆既是一种食物，又是一种兴奋剂，所以在新大陆占据了独一无二的地位：除了人们急需的脂肪，它还含有咖啡因和温和的兴奋剂——可可碱。由于价值高、运输方便、耐储存，且是人们普遍需求的东西，可可豆成了玛雅帝国的首选货币。当世界上的其他国家都在不辞辛苦地铸造金、银币来交易家畜（多少只鸡可以换一头猪？要花多少钱才能把那头半大的牛买回家？）时，玛雅人则扛着一袋袋的可可豆来进行货物和服务的交易。你能想象到这些豆子会引发什么问题吗？这就如同把撒有可卡因的薯片当成钱来使用一样，而且你还可以从树荚中随意摘取——只不过口感不同罢了。这可能会出现什么问题呢？当可可豆在玛雅的土地上长势良好且无人囤积时，大多数居民都能够定期饮用到可可饮料。尽管玛雅人爱好平等与

（篇章页左图）1519年，赫尔南·科尔特斯登陆墨西哥。16世纪手抄本中的插画。

（上图）玛雅花瓶上的图案，描绘的是一位统治者正隔着一碗可可豆对跪着的侍从说话。

和平的秉性存在被夸大之嫌，但与同时期的其他文明相比，他们的确显得非常的仁慈且富有远见。然而后来，人口过剩，再加上干旱及土地管理不善，破坏了玛雅帝国的秩序，使得可可豆在有文字记录的历史上首次成为可能会引发混乱的根源。

像大多数帝国一样，玛雅帝国也是通过把一些小王国、城市和团体召集在它的旗帜下而组成的。尽管建造在西方世界认为最不适宜居住的土地上，但其戏剧性的卓越的科学成就、组织能力和艺术天赋（以建立在墨西哥尤卡坦半岛上的奇琴伊察古城为例）仍然给他们带来了成功。尽管风景如画，但从危地马拉沿着尤卡坦半岛向北分布的热带雨林地区，以其贫瘠的土壤和极不稳定的降雨而闻名于世。随着玛雅帝国的规模和人口密度的增长，玛雅人对玉米的依赖和对农田的需求也在增长。玛雅的建筑工程虽然空出了农田，却吞噬了大片的森林，从而导致了气温的上升和降雨量的减少。当时的人们是否开始过量食用可可豆来提神，以加快砍伐树木和建造寺庙的进度呢？或者，当饥荒引发边境地区的物资劫掠事件时，他们是否会为了抢夺可可而战呢？像酒精一样，可可豆不会直接引发暴力和纷争，却会使局势更加恶化。因此，它产生的影响往往被掩盖，或者只会间接地、慢慢地显现出来。可否这样假设，面对处于饥饿边缘的玛雅人，可可促使其民众产生不安并将这种不安搅入滋生的暴力，最终形成实实在在的具有灾难性的破坏力。如今，你仍可以走在残留的废墟中，勘察那些因可可引发的变革所爆发时被废弃的、尚未竣工的建筑，体会那个曾经繁荣昌盛的

四位神明割破自己的耳朵，让血液在可可豆荚上流淌。出自《马德里抄本》（约900—1500）。

可可。出自托马斯·斯坦福德·莱佛士爵士的藏品（约 1824 年）。

帝国迅疾的崩溃速度。嗯，玛雅人意识到它就是毁灭的缘由了吗？

帝国衰亡之后，人们的生活很快回到了正轨，人人都能平均分配到适量的可可豆。可可是一种可以提神的、营养丰富的、有助于维持体能的饮料，但玛雅人饮用的不加糖的可可饮料与今天人们所喝的巧克力牛奶或热可可相差甚远。20 世纪时，人们将可可脂和可可粉分离开，可可脂只用于制造固体糖果，饮用的巧克力中不再含有可可脂。玛雅人使用整颗豆子制作可可饮料，毫不夸张地说，你完全可以靠可可豆活下去。而且，玛雅人继续将可可豆作为货币使用。大约在 15 世纪初，当阿兹特克帝国开始在玛雅人居住地以西的墨西哥中部地区的大片荒芜的土地上建成时，玛雅人便开始和阿兹特克人做买卖。尽管没有任何记录表明玛雅人是否有破坏阿兹特克帝国的打算，但他们对可可的威力并非毫无察觉：玛雅神灵埃克·曲瓦——商人和可可的守护神——过去一直被画成一个背着一袋货物的老人，但是，大约就是在这个时候，他的画像上开始出现了蝎子尾巴和死神的脊柱。

在当时的阿兹特克，可可豆是一种昂贵的进口货，只能分给贵族们享用，而人口日益增长的普通老百姓仅仅靠玉米勉强维生。1519 年，当看上去与皮肤白皙、蓄有胡须的羽蛇神惊人地相似的赫尔南·科尔特斯（1485—1547）到达阿兹特克时，那些富裕的阿兹特克人正沉溺于脂肪和

图卢姆城堡，前哥伦布时期主要的玛雅城寨。出自弗雷德里克·凯瑟伍德的《中美洲、恰帕斯和尤卡坦半岛的古代遗迹》（1844 年）。

兴奋剂中，而普通老百姓（至少，这些人没有在包含饮用可可环节的祭祀仪式中被吃掉）则在炎热的环境中为了生存而苦苦挣扎。这可不是击退入侵者的完美策略。

16 世纪，巧克力被征服者们带回了西班牙，在那里受到了贵族们的欢迎，并逐渐地流传至欧洲各地。到了 17 世纪上半叶，人们在法国、意大利、英国和尼德兰都能喝到巧克力饮料了。红衣主教黎塞留（1585—1642）把巧克力当成自己的最爱，甚至自称是第一个尝试这款新饮料的法国人。在新世界，耶稣会将可可种植引入了进步的“耶稣会传教区”，这是他们正在巴拉圭建立的保护区，旨在使当地的土著人皈依天主教，同时又允许他们保留大部分原有的文化和语言。人们在这些保护区里生产用于交易（掩盖耶稣会配制毒药的刺鼻味道）的可可豆。1642 年，黎塞留疏远了教皇乌尔班八世，而后长期患上了学者们至今仍然说不出名称的疾病（我的建议是他们应该检查一下他喝巧克力用的杯子）。事实上，在红衣主教黎塞留久病离世之后，同样酷爱巧克力的马萨林枢机主教雇用了自己的私人巧克力师，以防自己也成为毒药的受害者。由于当权者们担心耶稣会会士的权力越来越强大，他们在 1767 年被逐出了巴拉圭。1773 年，教皇克莱门特十四世废除了耶稣会。第二年，他突然死于一种神秘的疾病。尽管史书和文学作品往往指责耶稣会为了报复而毒害了教皇，但是，能够

制作巧克力。出自约翰·奥格尔比的《美洲：对新世界最新且最准确的描述》（1671 年）。

（左、右页图）科潘的神像。出自弗雷德里克·凯瑟伍德的《古代遗迹》（1844 年）。

los q aqui nacian
vigadores

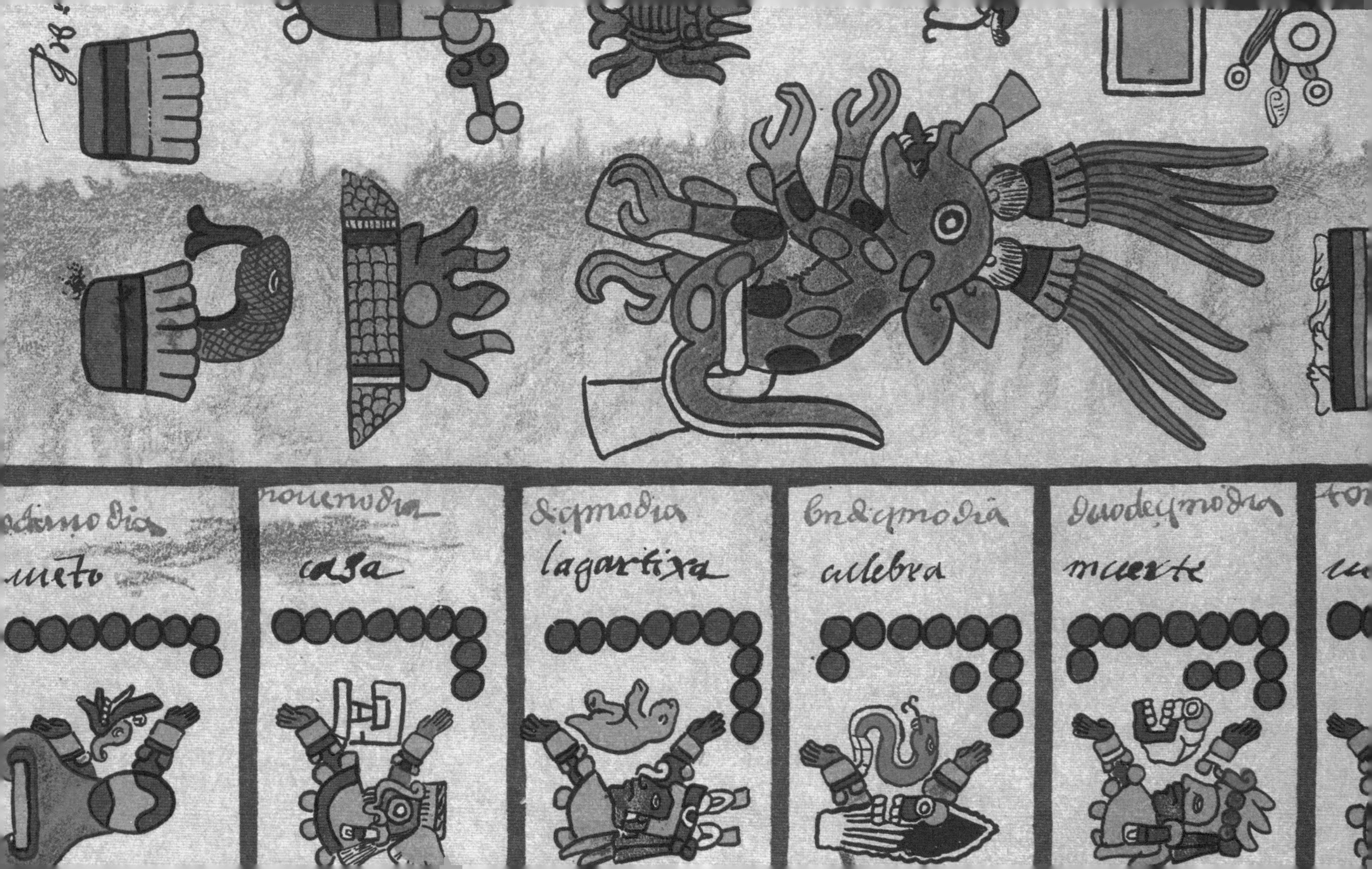

nouenodia
casa
dezenodia
lagartixa
onzenodia
culebra
duodezimodia
muerte

指引我们找出真相的唯一线索就是他对巧克力持久的热爱。

1649 年，远在英格兰，护国公奥利弗 · 克伦威尔刚刚（在一次显然与巧克力无关的弑君行动中）处决了查理一世国王，为了回应早先关于国人热爱巧克力的报告，旋即对西班牙开战。作为权宜之计，克伦威尔与法国结盟，对加勒比地区的西班牙领地发起了攻击。1655 年，宾夕法尼亚州（碰巧，未来将是好时巧克力公司的所在地）的创建者彭威廉率军对防御能力不足的牙买加发起了一次两栖突击，其目的是从西班牙手中抢夺牙买加的领土及其境内的 60 多个可可种植园。当时，可可是牙买加的主要作物。如此一来，英国人摆脱了西班牙人对可可贸易的小心翼翼地保护性统治，并使英国在 1660 年英西战争快要结束时一跃而成了世界上主要的经济强国。

没多久，英国人疯狂地爱上了巧克力：在哈克尼，巧克力屋就像潮人酒吧一样，一家接一家地开张。塞缪尔 · 佩皮斯在 1661 年 4 月 24 日的日记中提到，他在早餐中喝了巧克力，因为之前有人向他推荐说巧克力可以解宿醉，让肠胃舒服一些。当时，人们的通常做法是放糖、兑水，还要添加胡椒、丁香和八角等香料，然后趁热喝。很快，巧克力受欢迎的程度就

（134~135 页图）埃克 · 曲瓦的形象。出自《博尔博尼克斯手抄本》（约 1507—1522）1899 年的摹本。

（上左图）海神波塞冬将巧克力从墨西哥带到欧洲。出自安东尼奥 · 科梅内罗 · 德 · 莱德斯马的《印第安巧克力》（1644 年）。

（上右图）受到咖啡和巧克力刺激的“咖啡馆暴徒”（17 世纪）。

和咖啡不相上下了。法国人和西班牙人把巧克力当作只供上流社会享用的奢侈品，但是在英国，任何人（起码还是要买得起的人，因为巧克力的价格大概是茶的两倍，咖啡的四倍）都可以在商店和咖啡馆买到巧克力。在咖啡馆和巧克力屋难免会出现斗殴及聚众赌博事件，但几乎不会出现严重的混乱。由于控制了加勒比地区的蔗糖和可可供应源头，英国成了全球最大的巧克力贸易国和消费国。

然而，英国的收益即是西班牙的损失。西班牙人继续享用大量的巧克力，而且坚持以极其不均等的方式分配巧克力，这最终导致西班牙帝国黄金时代的终结。因巧克力而昏了头的贵族们不断地开出支票，而缺乏巧克力的普通军人根本无法兑现这些支票。尼德兰人赢得了独立，并迅速采取行动，在加勒比海建立了一条经由库拉索岛的可可贸易路线。一旦这条路线稳定后，他们也按照英国的模式，将巧克力普及到了店铺和咖啡馆，而不是将其囤积起来只供上流社会享用。毕竟，尼德兰人才刚刚摆脱了西班牙的统治，目睹了巧克力分配不均所导致的危险后果。

1658 年，由于一场非比寻常的恶性疟疾，再加上尿路和肾脏并发症，克伦威尔离世了。具有讽刺意味的是，巧克力曾被广泛推荐用于治疗泌尿和肾脏疾病，但身为清教徒的克伦威尔似乎很有可能没有吃过巧克力（毕竟，此人曾经下令禁止食用圣诞布丁）。克伦威尔是否让了步，结果导致他的巧克力“疗法”被人下了毒？要是有人在 1661 年他的尸体被掘出并

伦敦的一家咖啡馆（约1690—1700）。绘画者不详。

《静物：巧克力和糕点》（1770 年）。路易斯·梅朗德斯绘。

《做巧克力的女人》（约 1745 年）。让 - 艾蒂安 · 里奥塔尔绘。

被执行死后处决时，对其进行仔细检查就好了。尽管有克伦威尔，但无论如何，尼德兰人和英国人还是暂时抑制住了巧克力的危险性。因此，直到18 世纪末之前，几乎没有发生过与巧克力直接联系的暴力事件。然而，就在此时，一切都乱了套。

在英、法、西战争期间的 1648 年，法国爆发了推翻贵族的革命运动。被称为“投石党运动”（有人用投石器投掷石块，砸破了马萨林枢机主教的支持者们的窗户，因此被称为“投石党运动”，不过，也许当时马萨林正在享用一杯晨间巧克力呢）的一系列民众起义不但未能推翻现有制度，实际上，反而最终令君主更加坚定了君主专制主义的决心。各种各样的革命力量相互抵消，所以从未发展到足以击败现任政府的规模——只不过制造了大量的噪音和一场巨大的混乱罢了。在侥幸逃脱了滥用巧克力所招致的现世报应后，法国贵族们更加狂妄自大，变本加厉。一本在 17 世纪末很受欢迎的、专为有钱人编写的烹饪书收录了一个用巧克力炖野鸭的食谱，这就仿佛在对法国平民说：“当你们慢慢饿死时，我们不仅要大肆饮用巧克力，还有许多喝不完的巧克力，我们要用这些巧克力来炖可爱的小鸭子。”上流社会甚至还掀起了一股吃巧克力抗性病的热潮——把这种巧克力悄悄送给妻子或情妇吃，这样既能点燃她的激情，又能消除性病。显然，民众的忍耐已经达到了极限，革命一触即发。但是，令人惊讶的是，首先爆发革命的地方竟然是北美洲。

18 世纪初，法国人试图在密西西比州和路易斯安那州种植可可树，但没能成功。结果，美国殖民地只能依靠英国的可可贸易来解决问题。到了 18 世纪中叶，美国人爱上了巧克力。发明家、印刷商兼军事家的本杰明 · 富兰克林已经在尝试利用巧克力来提高士兵们的作战能力。法国—印第安人战争（1754—1763）和英法之间的七年战争（1755—1764）发生在同一时期，当时的指挥官本杰明 · 富兰克林确保布洛克将军军队中的每一名军官都能享用到六磅巧克力。

没过多久，殖民地——尤其是马萨诸塞州——就开始酝酿反英暴动，只差有人再推最后一把而已。而这最后一把很快就来临了，那就是于1765 年在多尔切斯特（现为波士顿的一部分）的尼布森特河河畔建造的贝克巧克力工厂。这家工厂为殖民者生产的巧克力蛋糕已经超出了这座本已动荡不安的城市的承受力。在接下来的 11 年里，相继发生了波士顿大屠杀（1770 年）和随后的暴乱以及波士顿倾茶事件（1773 年）。在波士

（右页图）贝克公司巧克力产品的广告（约 1924 年）。

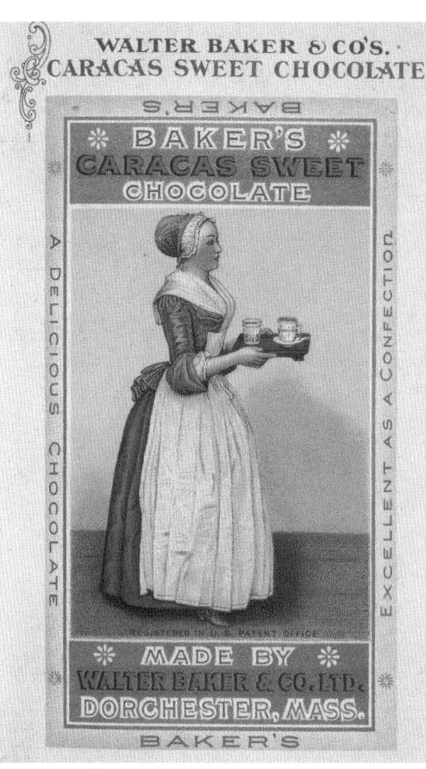
WALTER BAKER & CO'S.
CARACAS SWEET CHOCOLATE
BAKER'S
BAKER'S
CARACAS SWEET
CHOCOLATE
A DELICIOUS CHOCOLATE
EXCELLENT AS A CONFECTION
MADE BY
WALTER BAKER & CO. LTD.
DORCHESTER, MASS.
BAKER'S

WALTER BAKER & CO'S
GERMAN'S
SWEET CHOCOLATE
GERMAN'S
SWEET CHOCOLATE
FAC-SIMILE 1/4 LB. PACKAGE.

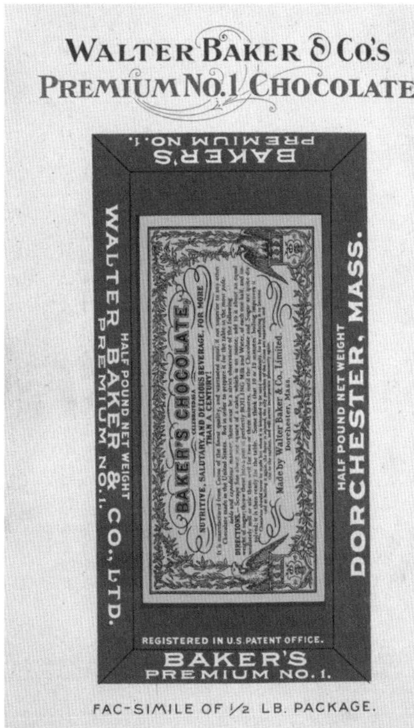
WALTER BAKER & Co's
PREMIUM No.1 CHOCOLATE
BAKER'S
PREMIUM NO.1.
WALTER BAKER & CO., LTD.
DORCHESTER, MASS.
HALF POUND NET WEIGHT
BAKER'S CHOCOLATE
REGISTERED IN U.S. PATENT OFFICE.
BAKER'S
PREMIUM NO.1.
FAC-SIMILE OF 1/2 LB. PACKAGE.

Walter Baker & Co's
BREAKFAST
COCOA
BAKER'S BREAKFAST COCOA
LA BELLE
CHOCOLATIÈRE
Walter Baker & Co. Limited
Registered in U.S. Patent Office.
FAC-SIMILE OF 1/2 LB. CAN.

CADBURY'S

COCOA

ABSOLUTELY

PURE.

CADBURY'S COCOA

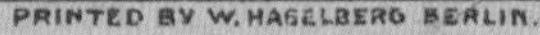

吉百利可可的广告卡（约 1885 年）。

弗莱可可的广告。出自《星球报》(约 1910 年)。

顿倾茶事件中，喜爱巧克力的掠夺者们把大量的茶叶倒进了波士顿港口附近的大海里。1775 年，美国独立战争在波士顿附近的莱克星顿拉开了帷幕。“大陆会议”实施了价格管控，以保证革命者能够负担得起，并规定从马萨诸塞州出口巧克力是非法的，因为巧克力要留给军队使用。自从 1428 年阿兹特克人打败特帕内克人以巩固其权力以来，巧克力从未在战争中扮演过如此关键的角色。

因过于小心翼翼地监管巧克力对其本岛的影响，英国人疏于监管巧克力在国外的使用情况。不过，没隔多久，他们便开始关注发生在法国的大规模混乱，却无暇顾及整个大西洋地区的局势。尽管法国大革命和美国独立战争都是为了实现人人能够均享巧克力这一理想，也都受到了正在慢慢酝酿的欧洲启蒙运动的启发，但两者的进程却截然不同。发生在美国的独立战争（1765—1783）是一个相对孤立的事件，紧随其后的是一段恢复和建设国家的时期；法国大革命（1789—1799）则是一场波及其后 25 年之久的持续性的灾难。和美国战争相比，法国大革命更加暴力，更加进步，也更加意识形态化，并且彻底摧毁了君主制思想。在 1815 年拿破仑统治时代结束后，法国大革命的思想传遍了整个欧洲，而且导致了 19 世纪巧克力生产的巨大变革。

为了解决法国大革命所引发的重创欧洲的暴力问题，欧洲列强于 1814 年至 1815 年召开了维也纳会议。在会议上，国界被划定后又被推翻

（上图）范豪坦可可的广告。出自《画报》周报，1904 年。

（右页图）吉百利牛奶巧克力的广告（1928 年）。

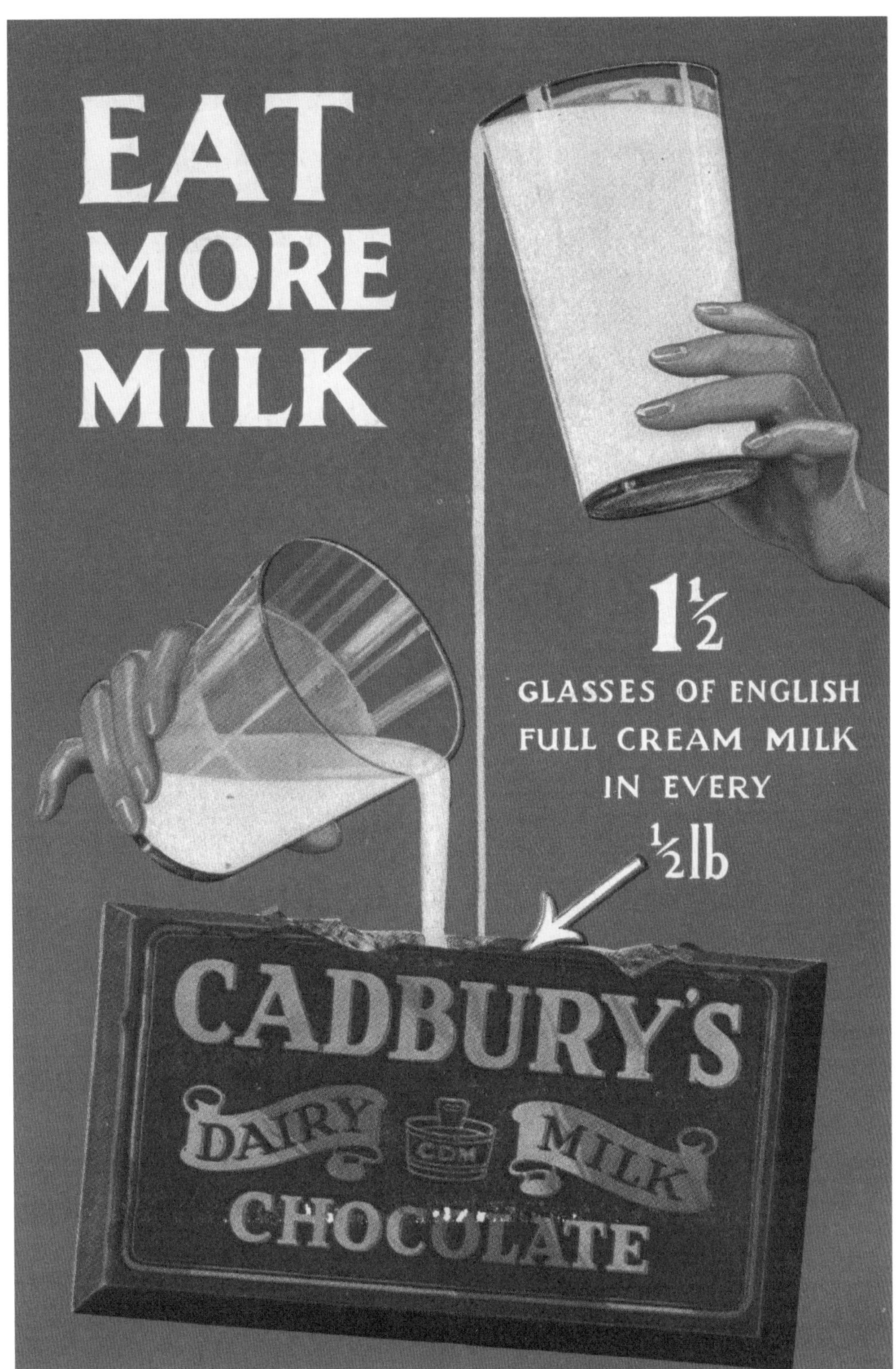
EAT
MORE
MILK
1½
GLASSES OF ENGLISH
FULL CREAM MILK
IN EVERY
½lb
CADBURY'S
DAIRY
CDM
MILK
CHOCOLATE

HAVE YOU TRIED
YORK MILK

ROWNTREE'S
YORK
MILK
EATING CHOCOLATE

F.C.Harrison

ROWNTREE'S NEW MILK CHOCOLATE

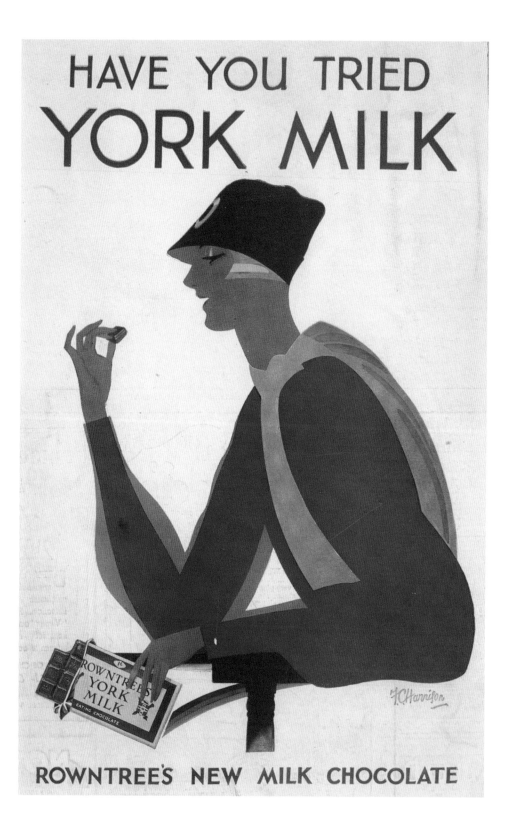

重新划定。被列强瓜分的比利时承担研发“美味并能调解暴力”的巧克力的任务。新的协议、新的边界以及对欧洲完整性更深刻的理解，在1832年发明的一款被称作萨赫蛋糕的维也纳巧克力蛋糕中得到了完美的体现。这款美味的蛋糕既亲切又精巧,就像上帝在洪水过后赐予人类的彩虹一样。继维也纳会议之后，英国、尼德兰和瑞士相继采取了重要措施，旨在解决巧克力引发的、已经控制西方世界长达几百年的暴力问题。

英国的巧克力制造商，包括吉百利、亨特利－帕默斯、克拉克以及弗莱等，全都是在维也纳会议召开后十年之内由贵格会教徒创立的。为了避开支撑可可豆贸易的奴隶制度和争夺巧克力引发的暴力事件，这些甜点商研发了众多生产工艺——包括1847年的巧克力棒的发明，从而成功地缓解了可可豆造成的混乱。遗憾的是，贵格会教徒现如今已不再掌权，最近也没有人站出来对抗为21世纪的非洲可可贸易提供支撑的、普遍存在的、残忍的童工问题。

1828年，尼德兰巧克力制造商康拉德·范豪坦研发了一种能将可可粉从可可脂中分离出来的方法。他的同胞进一步完善了这一生产工艺，他们能够通过“移除”或碱化可可粉而使可可粉更加温和。这种分离使得现代的巧克力饮料与以前的巧克力饮料有了极大的差异。著名的中立国瑞士利用“螺旋式压榨法”，将巧克力来回揉碎搅拌，直到其变得光滑而均匀。在这个过程中，散失了百分之八十的挥发性芳香化合物（和水分）。最终，这些工业上的进步造就了如今风行全球的香甜可口的牛奶巧克力，而且通过延长生产时间和提高生产温度还能激活其他风味，于是商业化制造出来的巧克力在化学成分和味道等方面都不同于以前的巧克力。

虽然两次世界大战中，军人们上战场时都会带着巧克力条，但是，其真实目的在于提神、振奋军心，且具有象征意义，而不是为了引发暴力。为了使得军人骁勇善战且保持警觉而广泛发给德军的安非他命，被德国坦克部队的士兵们称为“坦克巧克力”，也算得上是恰如其分。

如果你想要品尝纯正的巧克力，就是那种还留有蝎子尾巴的巧克力，那么，去西西里岛的莫迪卡走上一遭吧！在那里，人们依然在室温下费劲儿地将含有可可脂的整颗可可豆和冰糖放在一起精心碾磨成粉，再用研磨好的可可粉来制作味道浓醇的巧克力。但是，如果你发现自己突然有了一种冲动，想要用石头去砸市长的窗户，或者放火烧轮胎，呐，可别说我没有警告过你。

（左页图）罗恩特里新牛奶巧克力的广告。出自《闲谈者》，1928年2月1日。

第八章

烧烤

生命、自由以及对“鲜嫩”的追求

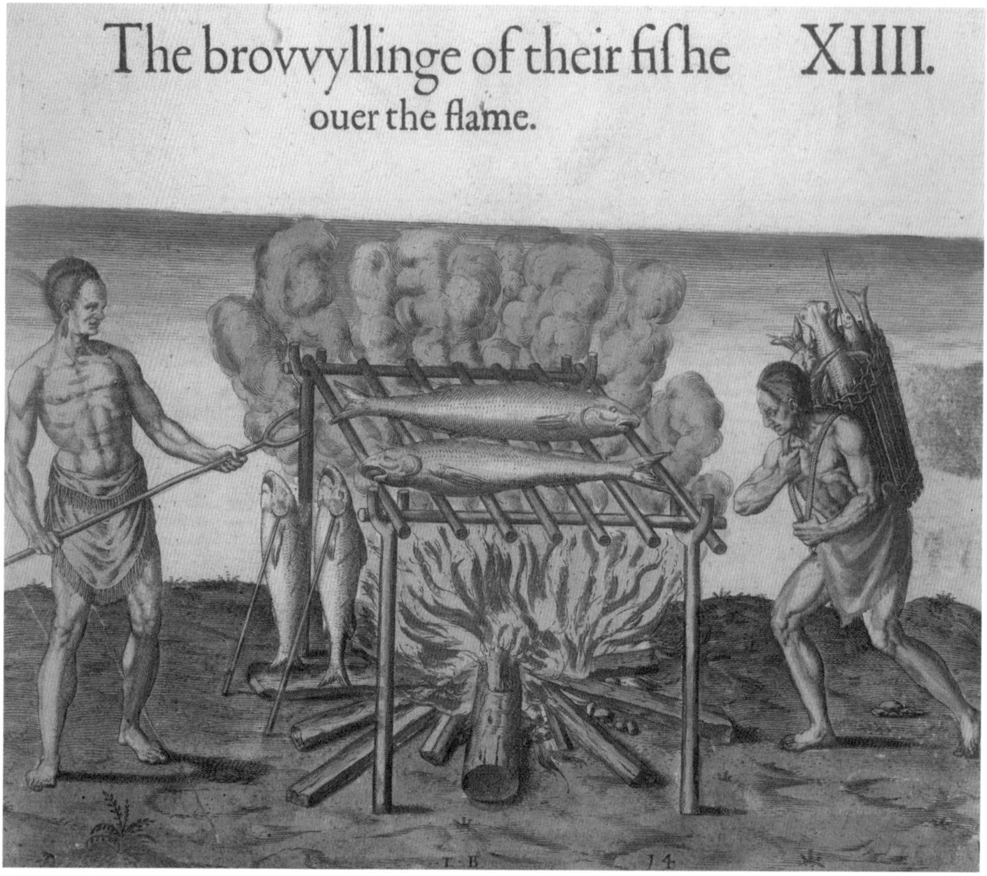

The brovvyllinge of their fishe XIIII.
ouer the flame.

“海盗（buccaneer）”和“烧烤（barbecue）”这两个词源于泰诺语的同一个词“barbacoa”，指的是用来慢慢炖煮或烘干肉类的木棍架。泰诺人是前哥伦布时期生活在加勒比地区的一个土著部落，擅长烹制鱼类和腌制我们称之为肉干的肉制品。描述臭名昭著的加勒比海盗的词与形容户外烹饪方式的词源于同一个词，这并非偶然。这么说或许给海盗这个残酷无情的职业增加了几分浪漫，他们是游荡在世界七大洋上的烧烤高手：充满野性、难以驯服，且永久而舒适地存在于文明之外。

严格地说，“烧烤”是指用相对较低的温度——大约65摄氏度（150华氏度），将整只动物或者仅仅将动物身上较为便宜、坚硬的部位，进行长时间的烘烤，从而把与肉黏合在一起的纤维胶原蛋白转化成胶质。为了达到这个温度而又不把表层的肉烤焦，就不能把肉直接地放在火上烤（这是炙烤），而只能把其放在接近火的地方烤，而且通常要把肉放在一个封闭的空间里烤上好几个小时。从这个定义上看，相对于诸如“炙烤”等其

（篇章页左图）《勒特雷尔诗篇》插图（1325—1340）。

The broyling of their fish ouer the flame of fier.

他的户外烹饪方式而言，这种肉制品的烤制方法其实更接近于“焙烤”。

因为具有回归原始的特性，烧烤在当代的西方社会中有着独特的地位。在这个快节奏的世界里，烧烤给人们提供了一种慢节奏的生活方式；在这个金钱至上的物质世界里，烧烤给人们提供了一种较为廉价的选择；在这个与他人见面的理由越来越不自然的年代，烧烤给人们提供了一种自然的社交活动。尽管有些人坚持独自烧烤，甚至不愿将烧烤用于制作他们喜爱的肉类之外的其他食物，但是，烧烤方式可是用处多多。的确，猪肉特别适合拿来烧烤。其原因很多：养猪容易，成本又低，且烤制的成品很美味；因其脂肪含量高，所以能让胶原蛋白有充足的时间转化成胶质，而肉又不会被烤焦。然而，烧烤的关键因素在于肉、时间、火候，以及聚在一起分享美味成果的群体。

（左页图、上图）在火上烤鱼。出自约翰·怀特的《漫游弗吉尼亚》（1638 年）。

在中世纪的英格兰，直到 17 世纪“圈地法案”开始限制使用公共和准公共财产（如皇家森林）之前，大多数人都会养上几头猪。他们把猪放

Aureus numerus			KL	November habet dies xxx. Luna xxx. Nox habet horas xvi. Dies vero viii
	d	Novembris		Festivitas omnium sanctorum. totum duplex
xiii	e	iiii.	no	Commemoratio omnium fidelium defunctorum. ix l.
ii.	f	iii.	no	Incipit quintus embolismus
	g	pridie	no	
x.	A	nonis.		
	b	viii	idus	Leonardi confessoris. duplex
xviii	c	vii	idus	
vii.	d	vi	idus	Quatuor coronatorum. iii lc.
	e	v.	idus	Theodori martyris. iii lc.
xv.	f	iiii	idus	
iiii	g	iii	idus	Martini episcopi. duplex. Mene martyris memoria
	A	pridie	idus	
xii	b	idibus.		Bricii episcopi et confessoris. memoria
i.	c	xviii	idus	Decembris
	d	xvii	kl.	
ix	e	xvi	kl.	
	f	xv.	kl.	Sol in sagittario
xvii	g	xiiii	kl.	Octava sancti martini
vi.	A	xiii	kl.	Elizabeth vidue
	b	xii	kl.	
xiiii	c	xi.	kl.	
iii.	d	x.	kl.	Cecilie virginis
	e	ix.	kl.	Clementis pape.
xi.	f	viii	kl.	Grisogoni martyris
	g	vii.	kl.	Katherine virginis
xix.	A	vi.	kl.	
viii	b	v.	kl.	Agricole et vitalis martyrum memoria
	c	iiii	kl.	
xvi.	d	iii.	kl.	Saturnini martyris. memoria. Vigilia.
v.	e	pridie	kl.	Andree apostoli. duplex

出去，让它们自己去搜寻橡树子和其他从树上掉下来的美味果实，这种古时候的养猪方法被称为“林地放猪”。

（左页图）十一月。出自《伊莎贝拉女王的祈祷书》（约 1497 年）。

（上图）在十一月份，男人们把橡树子从树上敲打下来喂他们饲养的猪。出自《玛丽皇后的诗篇集》（约 1310 年）。

在 5 世纪时，盎格鲁－撒克逊人把烤制整头猪的传统引入了英格兰。在这里的农村地区，这种方式一直盛行到了 17 世纪。这种做法在爱尔兰也一直存在着，但现在远没有以前那么广为流传了。同样地，在美国北部州、纽约州、中大西洋地区以及新英格兰地区，烧烤已经在很大程度上被后院炙烤所取代了。而且，在新英格兰的少数地区，人们酷爱烧蛤（虽然

图库曼的高乔人。出自埃梅里克·埃塞克斯·比达尔的《图说布宜诺斯艾利斯及蒙特维迪亚等地》（1820 年）。

名为“烧蛤”，但用这种方式烹制的食物并不局限于蛤蜊。人们把海鲜放置在一层层的海带上，再将其放置在烧热的石头上慢慢蒸煮）。所有上述这些地方的气候都过于严寒，不适宜烧烤——要让烧烤的传统流传下去，必须要有温暖宜人的天气，以及令人感到放松的氛围，而这些条件在北方地区都不容易达到。因此，在工业革命时期的食谱中，烧烤渐渐演变成了烤乳猪：想必大家都很熟悉那个画面，一只嘴里叼着苹果的小乳猪，正趴在一盘蔬菜上诱惑着你——对于一个拥有烤箱的家庭来说，一只大小刚好适合烤箱的乳猪不啻为明智之选。

然而，在美国南部，烧烤融合了当地的区域差异性和食材，发展出许多今天仍然保留着的灿烂文化。在这些文化中，有一个由泰诺人引进，同时又受到了被卖到美国南部的非洲奴隶影响的传统，那便是烤猪肉。而且，在肯塔基州的某些地区，还有着烤羊肉的传统。在 1916 年至 1970 年的大迁徙期间，随着 600 万非洲裔美国人从南部的农村地区迁移到东北部、中西部和西部等地区，这种做法流传到了各个地方。由于这次大迁移，堪萨斯城、孟菲斯、芝加哥、洛杉矶、哈莱姆以及美国其他许多城市和城镇才有了它们独特的烧烤传统。因为，大迁徙使得来自南方的各种技艺、酱料、干腌法与这些新地方的口味和配料融合在了一起。

另一个产生较大影响的传统，是从南美洲引进到墨西哥的尤卡坦州，然后又流传到得克萨斯州的烤牛肉。有这样一种说法：烤牛肉源于马普切

在火焰上烤制食物。出自《勒特雷尔诗篇》（1325—1340）。

人（居住在包括现在的巴塔哥利亚部分地区的智利南部以及阿根廷西南部等地方的土著居民）与波利尼西亚人（居住在太平洋中部及南部的上千个岛屿上的人们）在智利外海的摩卡岛召开的一次会议。在波利尼西亚人举办的夏威夷式宴会上，也许为了换取几篮红薯和十几只（印加人因其难以抗拒的美味而驯化和饲养的）豚鼠，有人说出了土穴烤炉的秘密。后来，这种方法沿着海岸向北流传，启发了玛雅人的“pibil”土穴烤炉以及得克萨斯州的篝火烧烤。在 19 世纪中期的墨西哥，中产阶级的烹饪书如古费写于 1893 年的《食谱之书》中保留了关于篝火烧烤的详细说明，证明了篝火烧烤的受欢迎程度和普及程度。显而易见，类似的习俗已然在各个地方同时发展起来了。

即使在也许有着最先进的传统的美国，也是每个人都有过烧烤经历的。阿拉伯的贝都因人把山羊和其他肉类以及蔬菜放置在沙漠的沙炉中慢慢烘烤。这是一种直到现在依然盛行不衰的传统。其他地区的烧烤，包括阿根廷烧烤、巴西烧烤和南非烧烤等，都是把小块的肉置于小火上慢慢烤制。这三种方式类似于把肉直接放在火焰上炙烤，现代的西方社会将此种方式称之为“烧烤”。不过，实际上，它们仍然保留了将胶原蛋白转化为胶质所必需的温度和时间的比例。

事实上，烧烤曾经在人类的生存中起着十分关键的作用。在过去，人们往往要花上几个星期的时间跟踪大型猎物，然后将其猎杀，再带回家里，

一场南方的烧烤野宴。素描，霍勒斯·布拉德利绘，刊载于《哈珀周刊》，1987 年 7 月 9 日。

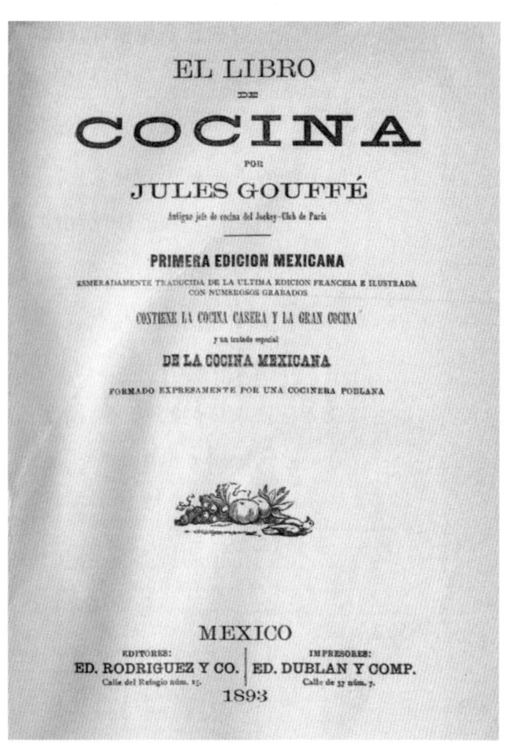

EL LIBRO
DE
COCINA
POR
JULES GOUFFÉ
Antiguo jefe de cocina del Jockey-Club de Paris

PRIMERA EDICION MEXICANA
ESMERADAMENTE TRADUCIDA DE LA ULTIMA EDICION FRANCESA E ILUSTRADA CON NUMEROSOS GRABADOS
CONTIENE LA COCINA CASERA Y LA GRAN COCINA
y un tratado especial
DE LA COCINA MEXICANA
FORMADO EXPRESAMENTE POR UNA COCINERA POBLANA

MEXICO
EDITORES: ED. RODRIGUEZ Y CO. Calle del Refugio núm. 15.
IMPRESORES: ED. DUBLAN Y COMP. Calle de 57 núm. 7.
1893

放在大火上慢慢烹饪，让部落里的每个人分享美味的成果。好也罢，坏也罢，我们已经进入了一个不同的历史阶段。而那些仍然强大和充满活力的烧烤传统，并非与现代文明并存，而是存在于现代文明之外。就像郊狼、浣熊、狐狸和游隼等猎物一样，地道的烧烤已经找到了一种属于自己的生存方式。它既不像一些人想象的那样原始，也不是一些烤架制造商试图强行向世人推销的那种精致的高新技术，而是属于第三种类型：既充满了野性，又与世隔绝。正因如此，正统的烧烤十分的脆弱。如果只是一群人一边生着火烤着肉，一边喝着啤酒，一边以“铁约翰”的方式敲着鼓，那么，没有人会在意。或者如果只是将高科技的现代厨房技术移至室外，既能让人透透气，又能让松露油派上用场，那么也没有人会为此感到担心。但是，地道的烧烤既开放，又有很高的包容性，而且绝对由男性主导。正如上文中提到的前两种类型一样，它能够让人远离世俗的文明和纷乱，忙里偷闲。

当然，烧烤的大受青睐一直都是个问题。在 18 世纪的北美洲，烧烤常常为政治目的服务。富有的南方种植园主会举办铺张奢侈的烧烤盛宴。在这样的盛宴上，客人们不但能够享用各种昂贵的肉片，使用精美的餐具，还能享受奴隶们提供的大量服务。众所周知，乔治 · 华盛顿就曾参加过一

（上左图）亚特兰大博览会的佐治亚州烧烤会。威廉 · 艾伦 · 罗杰斯绘，刊载于《哈珀周刊》，1895 年 11 月 9 日。

（上右图）《食谱之书》（1893 年）。朱尔 · 古费著。

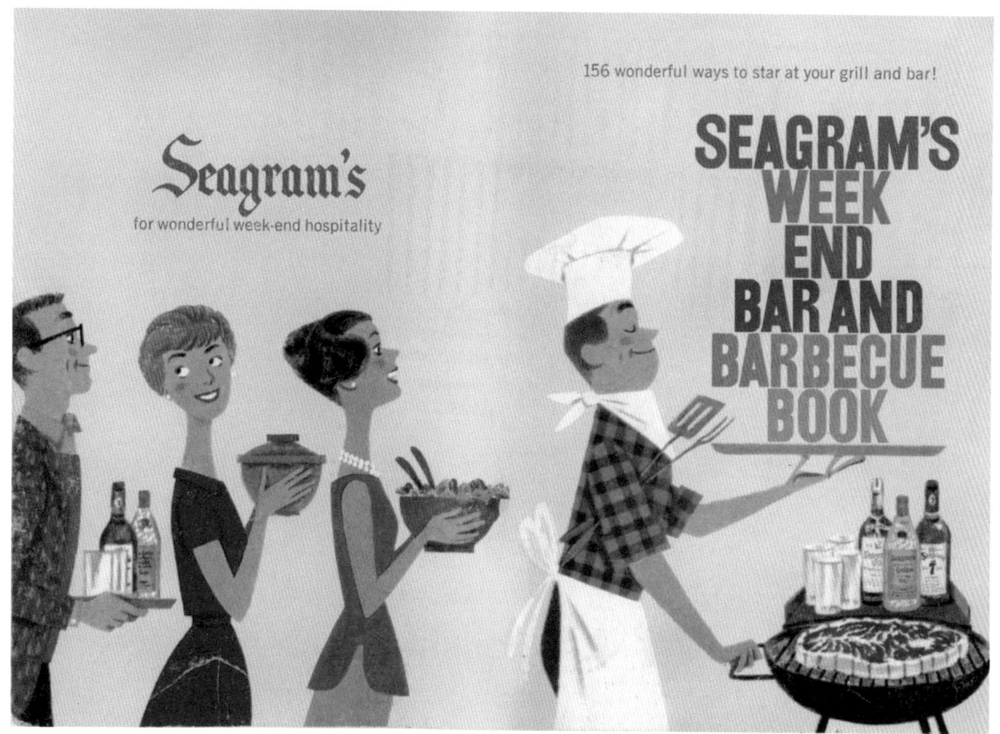

场这样的盛宴。这都是些支持白人男性霸权主义的政治聚会，后来甚至发展到了不举办烧烤宴会就很难当选的局面。在美国南部，政客们至今仍然认为让大家看见自己与民众一起吃猪肉、喝啤酒是很重要的。幸运的是，要是将烧烤的身价抬高或者将参加烧烤聚会的门槛降低，实际上都将使其效果（以及食物的品质）大打折扣。烧烤最需要的是时间、关怀、努力，以及社会群体。把烧烤当作铺张奢侈的政治活动，与其说是忽略了烧烤的重点，不如说是在用卡车反复地碾压这些重点，再放上一把火焚烧。

20 世纪 50 年代早期，这股风潮渗透到了各家各户。其原因在于：一些节省时间的发明，承诺要像第二次世界大战彻底改造全世界那样彻底改造每个家庭。芝加哥韦伯金属制品公司的乔治 · A. 斯蒂芬把一个钢制浮标剖成两半，将其改造成了一个既可携带、又方便使用的水壶形烧烤架。但和大多数此类设备一样，其效果令人十分失望。替斯蒂芬先生说句公道话，我相信他原本只是打算用他发明的烧烤架烤制汉堡包、热狗和奇怪的丁字骨，而这些才是他的烧烤架所擅长的。但是，韦伯公司生产的烧烤炉正好契合了战后的生活方式和讲究的后院文化。正因如此，真正地道的烧烤方式未能风行起来。在你自己的私人领地里，在水壶型烤架上烧烤，或

（上图）《施格兰的周末酒吧和烧烤之书》（约 20 世纪 60 年代，具体日期不详）。插图由乔 · 考夫曼绘制。

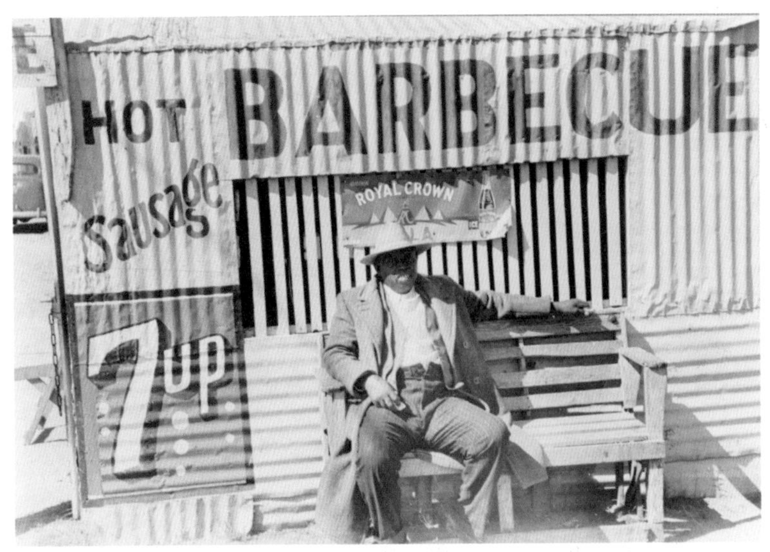

者，随着科技的进步，在煤气烤架上烧烤，会容易得多。要是你住在郊区的话，那就更是如此了。就像冰箱和洗衣机以女性为目标顾客一样，这些烤架以男性为推销目标：一杯加冰的苏格兰威士忌、一份报纸、一个韦伯烧烤架，然后“趁着比赛还没开始，我们先去后院烤几根香肠吧”。

不过，除了中上层白人男性试图利用烧烤来达到他们自己的目的之外，在世界上的许多地方，各地政府仍然将在后院烧烤定性为一种非法行为，或者对其进行严格的监管。在美国的很多地方，就连在沙滩上生火，也必须申请一张许可证。在墨西哥尤卡坦州的首府梅里达，连在城市范围内焙烤辣椒都属于违法行为。为了应对这些措施，人们往往将非法的烧烤活动转移到公园和森林里，就像中世纪时的人们把猪放出来，让它们自己在公共场所觅食一样。然而，在我们生活的这个工业化的世界里，越来越多的公共空间被圈了起来。挖坑、生火是被普遍禁止的，而且，一些公园里还设置了烧烤架，鼓励人们用炙烤方式代替烧烤。这样做所传达的信息再明确不过了：烤汉堡、烤香肠，当然没有问题，但是，切勿在此举行大型、喧闹且不受控制的聚会。

这些观念和法规从什么时候开始侵犯了我们的自由呢？在美国的大部分地区，公民们非常在意是否享有携带武器的权力，而这一权力理应得到已有 225 年历史的《美国宪法第二修正案》的保障（人们对此了解得不是很清楚）。但是，《第一修正案》中的“人民享有和平集会的权力”——民主的基石之一，又是什么意思呢？和平集会免不了要吃吃喝喝，而且，

（上图）1939 年 2 月，基督圣体节期间，得克萨斯州一个坐在镀锌金属烤架旁边的男人。

（右页图）移动烧烤架。出自伊拉·纳尔逊·欧康纳的《今日女性烧烤全书》（1954 年）。

Below is Royal Chef grill with electrically turned spit. This can be used also without aid of electricity outdoors with spit turned by hand: for steak, fowl.

Above is special unit made by Androck. Of light metallic construction, it has room on grill for 3 large steaks.

mobile barbecues

The most versatile kind of barbecue units, these can be just as efficient as the stationary type and yet be used indoors or outside.

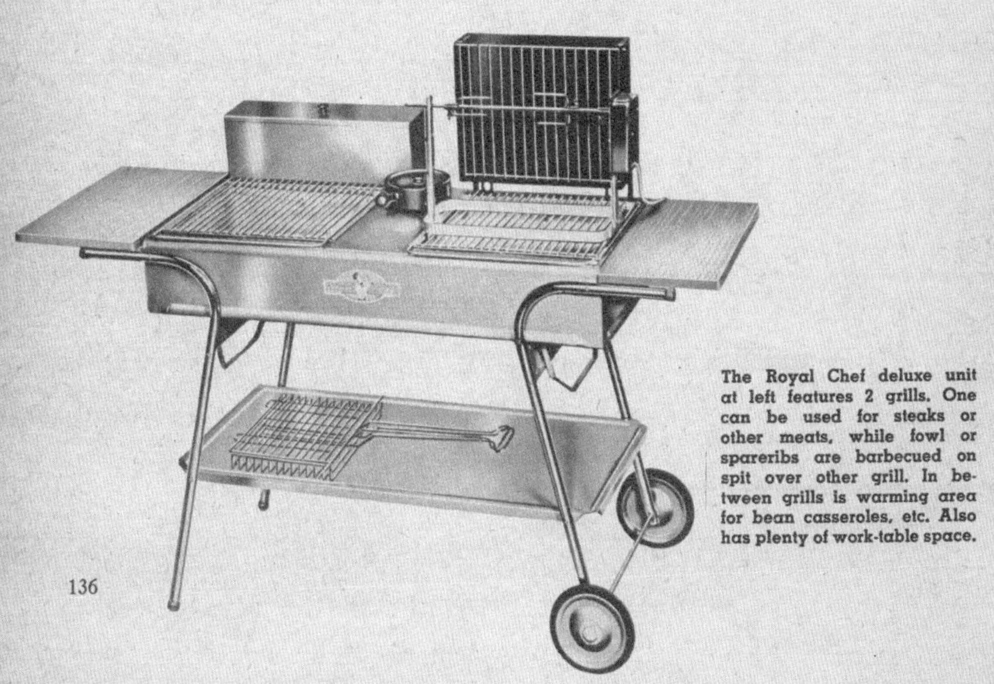

The Royal Chef deluxe unit at left features 2 grills. One can be used for steaks or other meats, while fowl or spareribs are barbecued on spit over other grill. In between grills is warming area for bean casseroles, etc. Also has plenty of work-table space.

EASTSIDE
BEER
EXIT

COFFEE

有人群聚集的地方，就会有烧烤。侵犯我们为和平的（可能已经微醺的）大型聚会提供食物的权力，不仅可以理解为是对民主的攻击，还可以理解为是对生存和饥饿意义的攻击。

1983 年发生了一个很有教育意义的插曲。臭名昭著的白人至上主义者兼仇外者——托马斯 · 梅茨格当时正在洛杉矶参加一场焚烧十字架的活动。按照洛杉矶当地的规定，没有取得许可证者不得在后院生火，因此，梅茨格建议他们先获得这样的授权，再在授权的保护下采取行动。一名假扮成三 k 党成员的自由撰稿人兼摄影师假装正在拍摄可能会出现的警察干预或暴行，实际上，却把他们的笨拙无能和残忍行为全部录制了下来。此时此刻，我不会像某些疯狂的网评者那样，说那些误解炙烤和烧烤区别的人都是纳粹分子，但是……这些三 k 党成员们架起了烧烤架，往上面扔了一块相当于猪排的东西和一罐烤豆子,然后架起十字架准备开始焚烧。他们的所作所为涉及了不少违法行为，其中有几条值得我们进行详细的剖析。为了达到他自己的怪诞的分裂主义目的，梅茨格利用了源自非洲裔美籍人和墨西哥人文化中的烧烤——一份赐予全人类的礼物。虽然先是一个种族主义者，后来又成了一个反犹主义者，但在几年前，梅茨格还是有时间组建了一支民间边境巡逻队，以保护美国免受墨西哥移民的侵害。因此，他还是一个手段相当高明的仇外者。不过，对于我们探究烧烤问题这一目的而言，更重要的是，他利用了政府对野外烧烤的控制来对抗人性。

这一切都没有逃脱博比 · 西尔的眼睛。他是黑豹党的创始人之一，同时也是 1988 年出版的半食谱、半宣言的书籍《与博比一起烧烤》的作者。西尔认为，烧烤这个词被广泛误用，同时人们也常常把它与节日和特殊场合联系在一起。他还批评了那些诋毁和贬低烧烤活动的餐馆。西尔在书中提出了一个常常被人们忽视的重要问题：商业化在烧烤烹饪法的贬值过程中起到了什么样的作用？许多餐厅都提供高品质的烧烤，但是，每当又一家专卖店出售工厂制作的“烧烤酱”肉制品时、又一款“烧烤风味”的零食上市时、麦当劳推出另一款“烧烤汉堡”时，烧烤的价值都被一次又一次地贬低了。在看着货架上的土豆片时，有哪个孩子不会把烧烤味当作一种就像酸奶味或者洋葱味一样的味道呢？他们怎么会把选择烧烤味土豆片当作是一种近乎反叛冷漠的资本主义世界的重要行为呢？更何况,现如今，我们甚至可以把经过干燥处理后的烧烤酱当成调料洒在食物上面了。

为了达到他们的邪恶目的，企业和政府不惜摧毁了烧烤文化。这并非

（162~163 页图）从篝火坑中取出烤好的牛肉，洛杉矶警长烧烤会（约 1930—1941）。

《与博比一起烧烤》。博比·西尔著。

西尔的书中甚至提出一份烧烤权力法案：瓶装酱料不厌其烦地改进配方正是商业化带来的倒退，它试图减少我们在后院烧烤的次数，似乎表明野餐里只有烧焦的、半生的、寡淡的、失味的、手法不当的主菜，那么，这正是全世界烧烤爱好者行使权力的时候，为此我们要改变这种现象，变革烹饪流程，创新出更多真正粗犷的、淳朴的、带烟火气的、令人愉悦的、可腌可卤的烧烤方法。

世界上最大的意外事件。不，这绝非意外，而是本应如此：烧烤确已出局。商业合作和商品化只能证明一点，那就是：人类和烧烤彼此需要、相依相存。下次，当我们渴望吃到肋骨时，我们必须展现自己的自制力：不要叫外卖，而要自己生火，挖个坑，邀请我们的朋友、熟人和一两个敌人，然后自己动手把酱汁和腌料搅拌均匀，再将其抹在肉上。我们的生活充斥着闪烁摇曳的灯光、转瞬即逝的声音以及天马行空的想法，它们在我们的周围跳动着，刺激着我们的感官。因此，我们更有必要抽出片刻时间，去户外呼吸呼吸新鲜空气，吃上一口美味的食物。我们每天都被笼罩在混乱的数字化世界中，并且已经对此习以为常。我认为最迫切需要的，是一份用地道的方式制作的猪肉三明治。素食主义者们也不要以为你们与此无关：吃一些根茎类的蔬菜吧，也许是一个长满绒毛的大萝卜，也许是一个巨大的芜菁甘蓝，或者是一个大得离谱的大头菜。给自己找一个像跳跳球一样大小的南瓜，用烧烤的方式煮一锅汤——但是，请记住，一定要慢慢享用。慢——慢——享用。

驯顺的烧烤。明智的烹制令人馋涎欲滴。出自《美好家园》，1960 年 6 月。

JUNE, 1954 7

ABOUT $24.95

Cook 30 big steaks at one time on this king-size Royal Chef.

All Fireboxes Guaranteed 5 Years Royal Chef grills are built to give you pleasure for a long time. With a choice of 12 models, there's a Royal Chef to suit your taste and budget.

Brazier Model RC-66 $34.95*

Brazier Model RC-23 $9.95*

Super Deluxe Patio RC-338-S $104.95*

Cooking's a Picnic Any Time on a Royal Chef Grill

Special Offer - Write today for Royal Chef's **Outdoor Cook Booklet.** Please enclose 25c in stamps or coin to cover handling charges.

Have fun cooking outdoors where everyone can enjoy it—at a party for 30 or with a family of 3. Sturdy, handsome as the picture and twice as much fun, this portable Royal Chef grill features a king-size firebox (16 x 30) with two adjustable grids.

Hickory-smoked steaks with that deliciously different flavor, sizzling hamburgers, southern-style barbecued chicken . . . Royal Chef cooks them all to a queen's taste. See these famous Royal Chef grills and braziers today at your hardware, department or sporting goods store.

**Slightly higher in some areas.*

CHATTANOOGA ROYAL COMPANY *division of* CHATTANOOGA IMPLEMENT & MANUFACTURING CO.

Chattanooga, Tennessee

Manufacturers of Royal Chef Grills and Royal Gas Heaters.

御厨烧烤架的广告。出自《瞭望》周刊，1954 年 6 月。

1
2
3
4
5
6
7
8
9
10

第九章

糕点大战

甜点与
阴谋、坚船利炮

1838年，法国入侵墨西哥，表面上是为了追讨一大笔拖欠的债务，但人们通常认为这场冲突可以追溯到十年前的1828年。据说，当时，一位名叫勒蒙特的绅士在墨西哥城塔库巴亚街区经营的一家法式糕点店被墨西哥军队捣毁了。另一种说法是，糕点店的两名法国店员可能被安东尼奥·洛佩斯·德·桑塔·安纳（1794—1876）麾下的墨西哥军士杀害了，或者说墨西哥军士只是偷走了所有的糕点。故事是这样的：勒蒙特向墨西哥政府提出了赔偿诉求，但没有成功，于是在1832年向法国政府提出了申诉，要求赔偿6万比索（据计算，这比其商店的价值高出大约60倍），这样的要求颇为荒唐。法国人一点儿也不着急，最终决定将这笔索赔转加到墨西哥的债务上，使其总额增加到了60万法郎。关于这一事件为什么被称为“糕点战争”，存在多种说法，但是无须仔细推敲也能发现，没有一种说法站得住脚：谋杀、捣毁财物、盗窃、债务——似乎没有一个是真的，当然也没有一个是可以证实的。在法国和墨西哥的外交史上，从未有勒蒙特提出赔偿请求的相关记录。然而，有一件事是完全可以肯定的，那就是，墨西哥人坚持称其为糕点战争，从未称其为其他任何战争。

墨西哥虽然在1821年成功地摆脱了西班牙的统治，成了一个独立的国家，但是在接下来的大约50年时间里，因其总是在共和体和君主制之间摇摆不定，政治局势一直处于动荡之中。得克萨斯州的革命没能扭转这种局势，安东尼奥·洛佩斯·德·桑塔·安纳赢得了阿拉莫战役（1836年2月23日至3月6日），却在最后关头把事情搞砸了，不得不让得克

（篇章页左图）《皇家糕点和糖果全书》（1874年）插图。朱尔·古费著。

（上图）桑塔·安纳将军肖像。出自卢卡·阿拉曼著作《墨西哥历史》（1849—1852）。

（右页图）1838年，袭击桑塔·安纳将军府邸。水彩画，约1870年。

萨斯宣布独立，墨西哥因此失去了领土。局势越来越严峻，正是在这些社会和政治力量的竞争中，所谓的糕点战争于 1838 年爆发了。

1838 年 3 月，法国把一支中队驻扎在韦拉克鲁斯港的海岸附近，指挥舰“赫敏号”向墨西哥政府发出了最后通牒：若不偿还欠款，后果自负。墨西哥政府回送了三打他们最精美的蛋糕（蛋糕、糕点和饼干），并给出了回复，其大致意思是说：“我们没有这么多现金，即使有，我们也不会给你们。”法国封锁韦拉克鲁斯港长达 6 个月之久，禁止墨西哥进口重要的贸易货物和广受欢迎的糕点配料，如肉桂、八角和菠萝等。随着外交局面的破裂，许多欧洲国家派船前去捞取自己的利益（也就是，对一个理应得到惩罚的殖民地落井下石）。狂爱巴黎夏洛特甜点的海军少将夏尔 · 博丹（1784—1854）被法国政府任命为舰队指挥官。他带了自己的糕点师，而这位糕点师可能是马里 - 安托万 · 卡雷姆（1784—1833）的弟子。卡雷姆是举世闻名的法国厨师、巴黎夏洛特甜点的发明者，也是《巴黎皇家糕点师》(其英文版本于1834年出版，更名为《法国皇家糕点师与糖果师》）一书的作者，该书收录了他的甜点建筑杰作，这些甜点的设计宛如军事防御工事一般精巧。

韦拉克鲁斯俯瞰图。出自《墨西哥及其周边地区》（1869 年）。

虽然墨西哥的印刷历史可以追溯到16世纪，但直到1831年，也就是在墨西哥摆脱西班牙的统治并赢得独立之后的第十年，最早的两本墨西哥烹饪书才被印制出来。《新厨艺》和《墨西哥厨师》这两本书都试图建立墨西哥的饮食特色：前者进行了一些尝试，后者颇具辞藻力度并提供了精心选择的食谱。《墨西哥厨师》包含了六个与甜点相关的章节，总共收录了大约800份食谱，刻意为刚刚独立的墨西哥打造独树一帜的美食特色。数百年来，来到墨西哥的西班牙殖民者们一直期望能在此满足他们对甜食的渴望。这样的期望，再加上巧克力、香草、草莓、黑樱桃和仙人掌等当地食材，促使墨西哥形成了强大的甜食传统。类似于当时的欧洲糕点传统，墨西哥糕点通常是在（西班牙风格的）男性厨师主导之下，利用当地的食材并结合实际需求制作而成。与这种以男性为主导的传统并存的，是由修道院的修女们制作的蛋糕。勒蒙特就是在这样的墨西哥经营着他的糕点店，肯定也受到了马里－安托万·卡雷姆的启发，制作并出售当时颇受欢迎的甜点建筑以及迷你版的建筑杰作糕点。在新墨西哥这个美丽的新世界，数百种结合当地和欧洲的制法和原料而制作的甜品已经相互浸润、相互融合，并以手稿的形式流传了250年。这些甜品渐渐演变成了一种完全融合了墨西哥和欧洲的制作方法和食材的、独具特色的食物。

1838年10月21日，舰队指挥官夏尔·博丹发送信息，促成了他与墨西哥外交部长路易斯·奎瓦斯的第二次会晤：这次会晤于11月17日在韦拉克鲁斯州首府哈拉帕举行。墨西哥人吃不到他们通常食用的糕点，肯

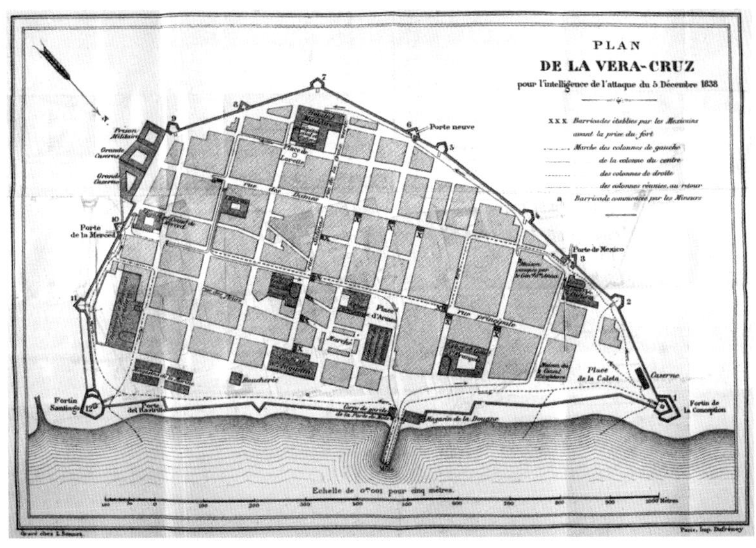

为1838年12月5日的攻击而准备的韦拉克鲁斯地图。

L'AMOUR
ET L'HONNEUR
A TANCREDE
Cascade egyptienne
Tour de Rhodes
Fontaine antique
Grand Pavillon chinois
Ruine d'un château fort
Fontaine Turque
Pavillon gothique des tourelles
Ruine gothique

（左、右页图）巧夺天工的建筑模型糕点。出自马里 - 安托万·卡雷姆的《创造风景的糕点师》（1842）。

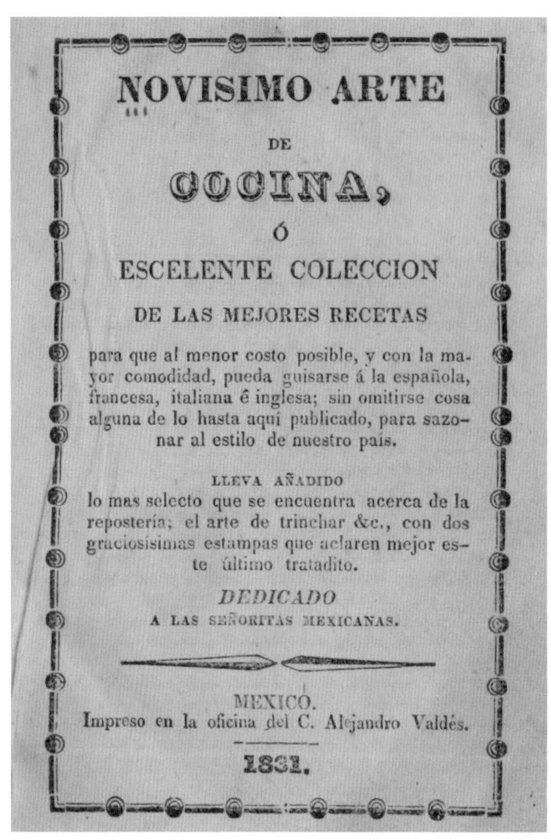
NOVISIMO ARTE
DE
COCINA,
Ó
ESCELENTE COLECCION
DE LAS MEJORES RECETAS
para que al menor costo posible, y con la mayor comodidad, pueda guisarse á la española, francesa, italiana ê inglesa; sin omitirse cosa alguna de lo hasta aquí publicado, para sazonar al estilo de nuestro país.
LLEVA AÑADIDO
lo mas selecto que se encuentra acerca de la repostería; el arte de trinchar &c., con dos graciosísimas estampas que aclaren mejor este último tratadito.
DEDICADO
A LAS SEÑORITAS MEXICANAS.
MEXICO.
Impreso en la oficina del C. Alejandro Valdés.
1831.

定会更急着达成协议，但是法国人决定额外增加20万比索来支付他们的开销（比方说，大老远把糕点师带到大西洋彼岸的费用）。奎瓦斯拒绝了这一要求，他也许在想“以前的巧克力和香草蛋糕事件我们都熬过来了，这次还能有多糟”。但是，他来自墨西哥城，因此很有可能忽略了繁忙的韦拉克鲁斯港对于当地经济的重要性：一旦港口被封锁，这里就没有菠萝牛奶或肉桂糕点可以享用了。法国人派遣了三艘护卫舰、一艘巡洋舰和两艘炮艇进入阵地做好准备，等待法国方面的消息和碰巧也叫“路易”的首相莫莱伯爵（1781—1855）的命令。

当年早些时候，一位名叫奥古斯特·臧（1807—1888）的奥地利炮兵前军官兼企业家在巴黎的黎塞留街开了一家面包店，取名为维也纳面包店。他提供各种维也纳特色产品，但他真正的招牌是他自己独创的一款面包：一款添加了许多黄油的、口感酥脆的、新月形的面包卷，他把它命名为羊角面包。这个名字源于一款名为“kipferl”的形状与之相似的香草杏仁饼干。法国人突袭了这家面包店，把店里的羊角面包、食谱和创意全部卷走

《新厨艺》（1831年）。西蒙·布兰克尔著。

了，只留下一盘被暴力打翻的 kipferl 香草杏仁饼干。莫莱伯爵有没有立即把一盒这种新奇的、大受欢迎的羊角面包，连同他的军令一起送达给博丹呢？大概没有吧，但这可是一个很贴心的姿态。

1838 年 11 月 27 日，墨西哥特使登上了博丹的船，在这最后一刻提出了和解，但这个建议仅仅经过几个小时的讨论就遭到了拒绝。炮击随即开始了，当时政要们还在返回港口的路上。守卫港口圣胡安 · 德 · 乌鲁亚城堡的是手持 153 把枪支的 1186 名军人，事实证明，他们无法抵挡法国炮兵军官亨利 – 约瑟夫 · 班克桑（1783—1854）研制的全新炮弹。班克桑特别喜爱一款被称作“完美爱情”的舒芙蕾（其中添加了用花瓣、香草和柑橘皮调味的酒精糖浆）。这种炮弹的平射弹道和巨大的冲力使得这场战斗并没有持续多长时间，也使得双方很快就分出了胜负。在第一天下午的炮击中，法军损失了 4 名士兵，而墨西哥守军却损失了 224 人。之后，博丹告诉城堡守军的指挥官，接下来他将把城堡轰成一堆冒着烟的瓦砾。韦拉克鲁斯港的守军指挥官和将军商议后决定，也许他们还是可以想方设法筹足那笔钱的。于是双方同意解除封锁 8 个月，并允许博丹的士兵上岸补充军粮，品尝美味的牛奶布丁。但后来的事实却并非如此：当投降的消息传回墨西哥城时，将军和守军指挥官立即被逮捕了，而且，为了抗击法国的威胁，原本已经退休的桑塔 · 安纳也复出了，并接到了发起进攻的命

意式糖霜海绵蛋糕，杏仁开心果焦糖奶油松饼塔。出自朱尔 · 古费的《皇家糕点和糖果全书》（1874 年）。

令。也许真正关键的是，桑塔·安纳并不喜欢糕点，但是他非常喜欢烤鸡，并因此在1847年4月18日的塞罗·戈多战役中被北美人俘虏，当时他选择了不撤退，而是为烤鸡而逗留。

到糕点战争爆发时，法式烹饪（多多少少受到了拿破仑的帮助）已经强势碾压了欧洲大部分的烹饪传统。法国人已经习惯于其他国家的屈服并且接受法国食物更具优越性这一理念，所以，当墨西哥一脚踢开他们的焦糖奶油松饼、巧克力可颂面包和开心果玛德琳时，他们做出的回应是抬出他们第二喜欢的发明：大炮。

博丹和桑塔·安纳原本计划在1838年12月5日上午8点钟发起攻击，然后便各自撤退：博丹回去吃他的玛德琳蛋糕，而桑塔·安纳回去吃他的鸡肉。但是博丹决定提前几小时发动攻击。正在熟睡中的桑塔·安纳被打了个措手不及。博丹的军队横扫全城，一点一点地向前推进，最后用小型武器不断地射击经过敌军加固的营房大门。当发现这招不奏效时，博丹挥舞着白旗，发出了休战信号。当法国军队蜂拥而至时，桑塔·安纳侥幸从家里逃了出来，但是仍然因为耻辱而感到万分的痛苦，他又把法国人赶回了码头。在那里，他和他的军队遭到了停泊在此的护卫舰的炮击。桑塔·安纳失去了九名部属、自膝盖以下的左腿以及一根右手手指（残忍的是，那可正是他用来尝酱汁的那根手指）。博丹对于自己举白旗请求休战而对方却置之不理一事感到非常愤怒，这导致他折损了八名士兵，于是便对这个城市连续炮轰了两个小时。

继此之后，在1847年的烤鸡事件中，桑塔·安纳的义肢被伊利诺伊第四步兵团偷走了。尽管墨西哥政府一再试图从美国政府手中取回这条腿，甚至还提出愿意正式宣布甜甜圈“至少和墨西哥酥炸脆一样好吃”，但时至今日，这条义肢仍然在伊利诺伊州军事博物馆展出。伊利诺伊州的招牌甜点是专门为1893年的芝加哥世界博览会而研发的布朗尼……我有点儿离题了。

你应该还记得，英国人就在附近。为了保护自己的利益，他们介入进来，试图平息事态。尽管海军上将查尔斯·佩奇爵士（1778—1839）最喜欢的甜点实际上是奶冻，但英国人还是成功地让双方达成停火协议，并最终在1839年3月9日签订了条约。条约的具体细节尚不得而知，但是在往后的整个世纪中，墨西哥的烹饪传统都与法国保持着奇怪的联系。许多受欢迎的墨西哥烹饪书在巴黎出版，包括广受欢迎且富有影响力的《全新墨西

哥烹饪字典》。该作品于1845年首次在巴黎出版，而且直到1903年仍在巴黎发行。马里－安托万·卡雷姆和偶尔与他一起写作的搭档、餐馆老板安东尼·包维耶（1754—1817）的名字出现在了该书的扉页上。这本书将许多传统的墨西哥美食嘲笑为穷人的食物。这种偏见向北扩展，因此，墨西哥移民恩卡纳西翁·皮内多（1849—1902）在美国撰写的第一本西班牙语烹饪书《西班牙大厨》（1898年于旧金山出版）大肆颂扬法国厨师，称他们为“世界上最顶尖的厨师”。法国烹饪殖民主义的影响一直延续到了20世纪——在墨西哥城，法国餐馆比西班牙餐馆更常见，但是，随着时间的流逝，这种影响也在逐渐地淡化。在20世纪30年代到60年代之间，约瑟菲娜·委拉斯开兹·德莱昂女士（1905—1968）出版了一系列的烹饪书。这些书将区域性的墨西哥美食推到了最前沿，从此改变了历史。墨西哥人或许输掉了“糕点战争”，但就糕点大战而言，他们最终还是或多或少地赢得了整场战争的胜利。

《1838年墨西哥远征军现场》（1841年）。霍拉斯·韦尔内绘。1838年11月27日，圣胡安·德·乌鲁亚城堡的塔楼被炸。

COCINA MEXICANA DE ABOLENGO

POR *Josefina Velázquez de León*

（左、右页图）约瑟菲娜·委拉斯开兹·德莱昂出版的烹饪书。

ITALIAN VILLA MADE OF NOUGAT

Pl. VII.

RUSTIC SUMMER HOUSE

（左、右页图）甜点建筑。出自朱尔·古费的《皇家糕点和糖果全书》（1874年）。

GOING TO THE ‘MEAT’

第十章

增稠剂

它变得
如此浓稠

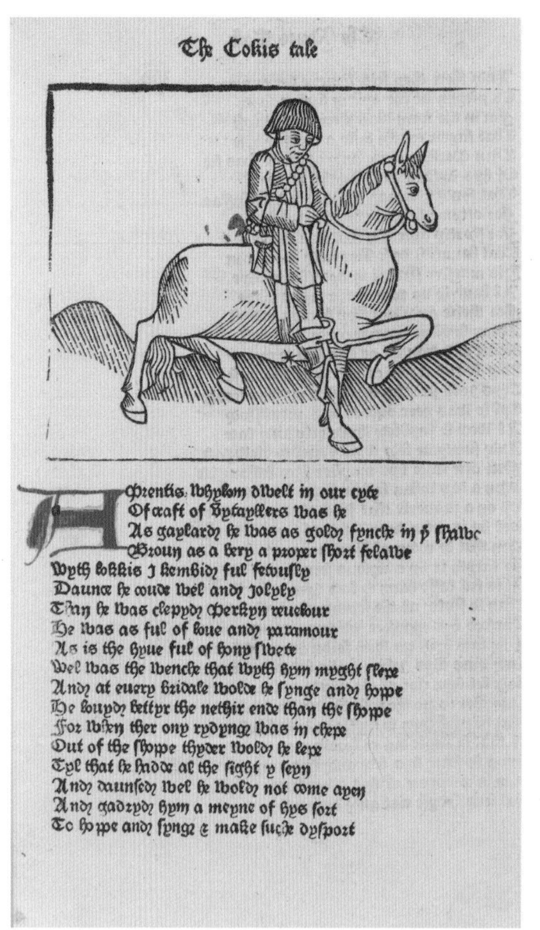
The Cokis tale

Aprentis whylom dwelt in our cyte
Of craft of vytayllers was he
As gaylard he was as gold fynche in ye ſhawe
Broun as a bery a proper ſhort felawe
Wyth lokkis I kembid ful fetouſly
Daunce he coude wel and Jolyly
Than he was clepyd Perkyn reuelour
He was as ful of loue and paramour
As is the hyue ful of hony ſwete
Wel was the wenche that wyth hym myght ſlepe
And at euery bridale wolde he ſynge and hoppe
He louyd bettyr the nethir ende than the ſhoppe
For when ther ony rydyng was in chepe
Out of the ſhoppe thyder wold he lepe
Tyl that he hadde al the ſight y ſeyn
And daunſed wel he wold not come ayen
And gadryd hym a meyne of hys ſort
To hoppe and ſynge & make ſuche dyſport

曾几何时，黏度，或者说“浓稠度”，只不过是食物的诸多特质之一。你的饮食或许浓稠得恰到好处（如燕麦粥、肉冻或者奶冻等）；也可能不恰当（譬如肉汤、啤酒汤等）。但是，浓稠度本身，就像“米黄色”和“圆形”一样，并没有任何特定的价值评判标准。评判食物的重点在于食物自身的优劣，而非食物的浓稠度是否能给人们带来奢侈感或者饱腹感。过去的几个世纪，人们的饮食发生了许多变化，造成这些变化主要是由于原材料、贸易路线、帝国主义、资本主义、时尚和科技等因素的变革。但是，只有少数变化是由这些因素共同作用所导致的。接下来要讲述的，便是现代流质食物如何变得如此浓稠的故事。

在中世纪，大部分酱料和调味品都比较稀薄。最常见的增稠剂是面包屑和（奇怪而昂贵的）杏仁碎，但这些东西显然并不适和增稠，因为它们往往会让酱汁变成泥状而缺乏黏性。广受喜爱和欢迎的酱料大多质地偏稀，

（篇章页左图）比斯托产品广告，1929 年。

（上图）厨师的故事。出自杰弗雷・乔叟著《坎特伯雷故事集》中的插图（1492 年）。

（右页图）坎特伯雷朝圣者。出自《坎特伯雷故事集》总引中的插图（1492 年）。

GRet chere made our oſt to vs euerychon
And to ſoupere ſette he vs anon
He serued vs wyth vytayle at the beſte
Strong was the wyne & wel drynke vs lyſte
A ſemely man our oſte was wyth alle
Forto be a marchal in a lordes halle
A large man he was wyth eyen ſtepe
A feyrer burgeys is ther non in chepe
Bold of hys ſpeche and wel was y taught
And of manhood lacked he right nought
Eke therto was he right a mery man
And aftir ſoupper to pleyen he began
And ſpak of myrthe among other thynges
Whan that we hadde made our rekenynges
He ſayd thus now lordynges treuly
Ye be to me right welcome hertly
For by my trowthe yf I ſhal not lye
I ſaw not thys yeer ſo mery a companye

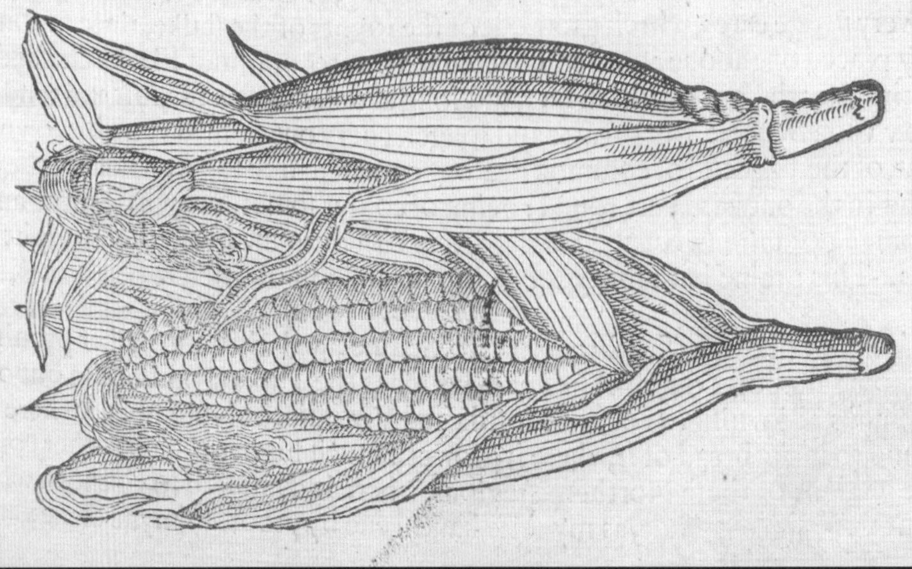
The forme of the eares of Turky Wheat.
3 *Frumenti Indici ſpica.*
Turkie wheat in the huske, as alſo naked or bare,

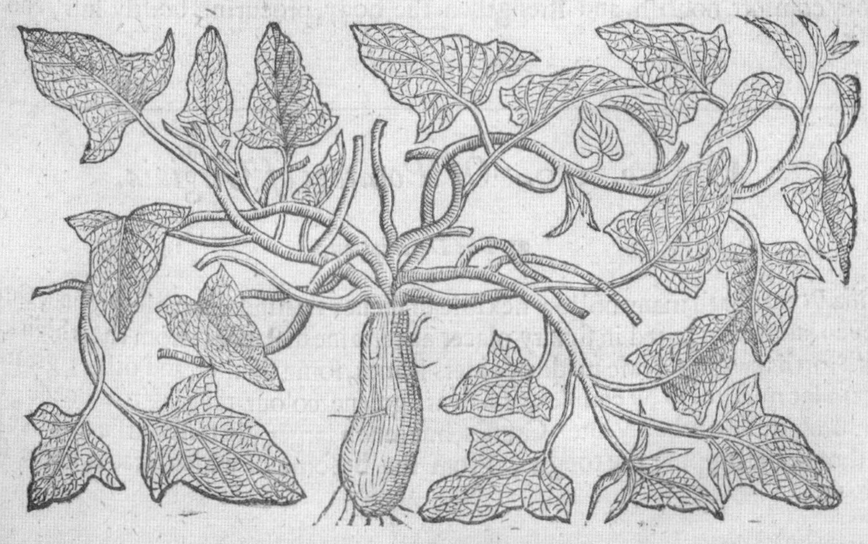

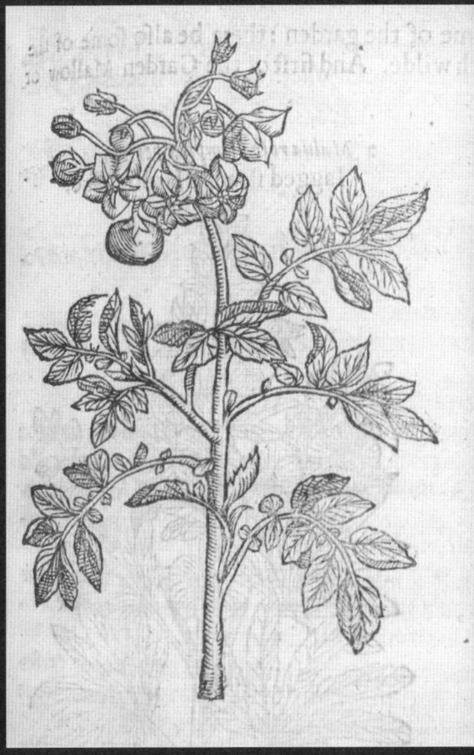

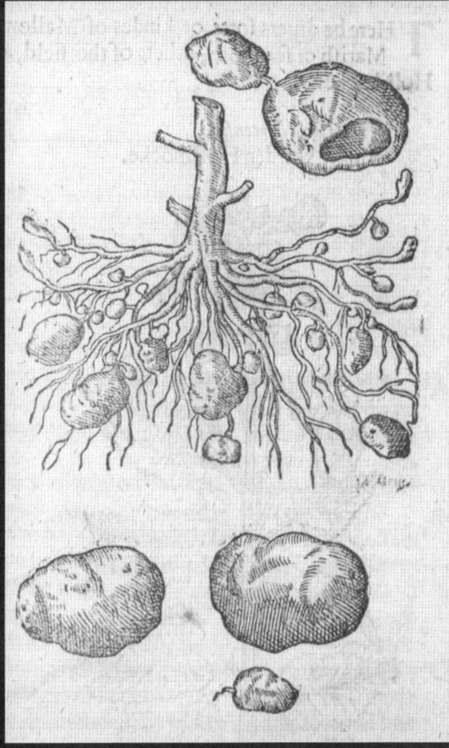

（左、右页图）玉米与土豆。出自约翰·杰勒德的《植物史》（1633 年）。

诸如添加了肉桂和醋的亚麻籽酱、被称为绿酱的欧芹酱以及用酸果汁（未成熟的葡萄酿制而成的酒）制成的阿格拉斯酱等。肉馅饼的肉汁（只含肉汁）价格非常昂贵，于是，肉汁小偷会想方设法偷取肉汁，他们在肉馅饼的底部钻个洞，把肉汁取出来，再加以回收利用。这样的盗窃行为相当普遍，以至于在《坎特伯雷故事集》（约 1390）的“厨师的故事开场语”中，杰弗雷 · 乔叟将那个粗俗下流的厨师描绘成一个骗子。他先让“血液”从肉饼的底下流出来，然后再转卖出去：

多少肉饼的血液被你抽干，
多少肉饼被你返工制贩，
它们凉了又被加热都不止两番。

原文中的“Dover[e]”一词是“do–over”（返工）的俗语。因此，“Jack of Dover”可能是指重新装上了便宜酒的珍贵酒瓶，或者是烤了不止一次的馅饼。这个用语实在是太常见了，因而在 100 多年后，早期空想社会主义者托马斯 · 莫尔爵士（1478—1535）在指责英吉利海峡对岸的国家时，称其为“一个巴黎佬，一个邪恶的两面派”。至于他在 1512 年至 1514 年的英法战役中究竟扮演了什么样的角色，我们现在仍然不得而知。

实际上，直到欧洲的殖民时期，在食物中添加增稠剂这一做法才开始真正地流行起来。欧洲列强成功地征服了各地的土著居民，逼迫他们种植甜菜、香料和已经辗转至世界各地的其他农作物。与此同时，他们也发现了大量新的农作物，这些新的农作物富含可以用作增稠剂的淀粉。在 16 世纪至 18 世纪期间，人们“发现”了来自加勒比地区的竹芋粉、来自巴西的木薯粉、来自日本的芡粉、来自南美洲的土豆淀粉、来自北美洲的玉米淀粉以及来自新几内亚岛的西谷米，并将这些增稠剂商业化。这些添加剂特别适合用来制作 17 世纪时大受欢迎的肉冻、果冻和蛋奶甜点。绝不放过任何一个机会嘲笑英国人的拿破仑曾经发表过一次非常精辟的评论，说英国人之所以吃这么多的竹芋粉，唯一的原因就是为了支持他们的海外殖民地。

确实，海外的奴隶种植园给欧洲供应了大量的食物，而欧洲对这些食物的需求也在日益增长，它们二者之间的因果关系非常混乱。在小说《斯莱特里的西谷米传奇》中，弗朗 · 欧布里安（1911—1954）撰写了一个非

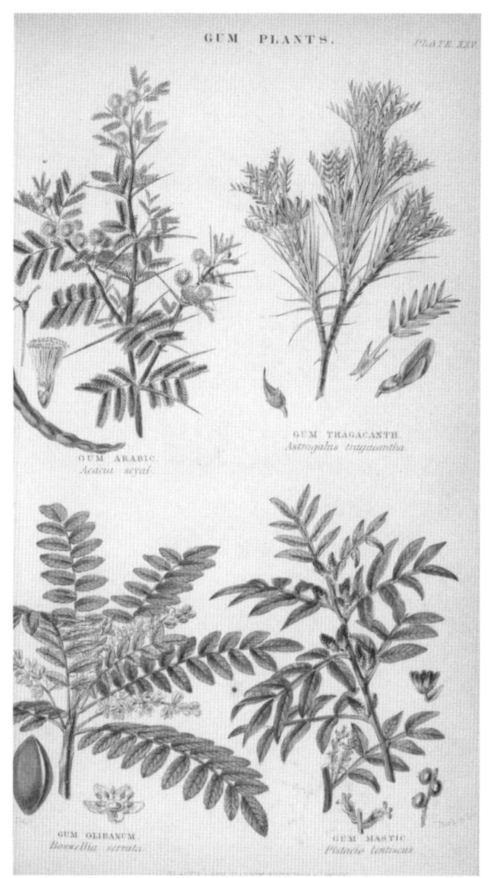

（上左图）胶脂类植物——阿拉伯胶树、黄芪、乳香树和玛蒂树。出自威廉·莱因德的《植物王国的历史》（1857年）。

（上右图）可作食物类植物——竹芋、木薯、番薯和甘薯。出处同上。

常有趣的小片段，用以描述爱尔兰试图种植西谷米来代替土豆，也就是想用从南美洲进口的东西来取代爱尔兰人已经开开心心吃了好几个世纪的传统美食。这一计划的始作俑者是一位苏格兰女性，她企图以此让爱尔兰摆脱懒惰之风，并阻止爱尔兰移民四处传播他们的罗马天主教教义。爱尔兰地处墨西哥湾暖流的终点，所以欧布里安认为棕榈树会在这里茁壮成长，给爱尔兰饮食提供全新的淀粉来源，并让爱尔兰看起来更像一个地道的英国殖民地——虽然听起来很滑稽，但却一语中的。这些进口淀粉被用来制作供客人们在晚宴上享用的饼干和果冻，当然，也正在被用来喂养工业革命中越来越多的发动机。无论你怎么看待北欧的土豆或者意大利的玉米粥，殖民地的淀粉农作物使得农民们得以生存下去，并有活可做，虽然有时候只能勉强维持生计。

增稠剂和资本主义之间的融合没有随着时间的流逝而化繁为简。18世纪，英国人开始接受法国菜。在此之前，人们一直认为肉汁理所当然应

西谷米树。出自弗朗索瓦·皮埃尔·肖默东的《医学之花》(1814—1820)。

果冻、乳酪和甜点。出自比顿夫人的《家务管理手册》(1892 年版)。

该是用一大块肉熬制出来的。到18世纪中叶，这一切发生了永久性的改变，一款强大而又昂贵的法国酱汁慢慢改变了英语世界关于肉汁的概念。具有讽刺意味的是，这一改变的始作俑者正是《简易烹饪艺术》的作者、以引诱法国人而闻名的英国厨师汉娜·格拉斯（1708—1770）。

> 这个时代的人太盲目太愚蠢，
> 他们竟然宁可接受法国呆子的欺骗
> 也不愿把自己的鼓励送给
> 一个优秀的英国厨师。

在比顿夫人之前，格拉斯一直是英国饮食圈最为核心的人物。在其创作的那本大获成功的烹饪书的序言中，她洋洋洒洒地屡次批判法国菜，称其过于考究、昂贵而虚伪。她详细解释了该如何取代她所认定的法国肉汁——但实际上是棕酱。她建议用培根代替“火腿精华”，减少小牛肉的用量，加些牛肉，用鸽子取代鹧鸪，再加上各种蔬菜，包括洋葱、胡萝卜、松露和羊肚菌等，这样就能够制作出更为实用的、能够“帮女士们省去不少麻烦”的酱料。她没有劝阻那三四个想要用此种方式制作出正宗的棕酱以改善他们的烤肉味道的英国厨师，而是成功地设立了肉汁的新标准：浓稠、醇厚并且昂贵。自那以来，所有制作肉汁的厨师们，无论是否知道这个标准，都在为实现这个柏拉图式的理想而努力奋斗。

赛明顿牌豌豆粉的广告。出自《画报》周报，1904年。

然而，这个理想根本不可能得以实现，其理由与汉娜·格拉斯当初错

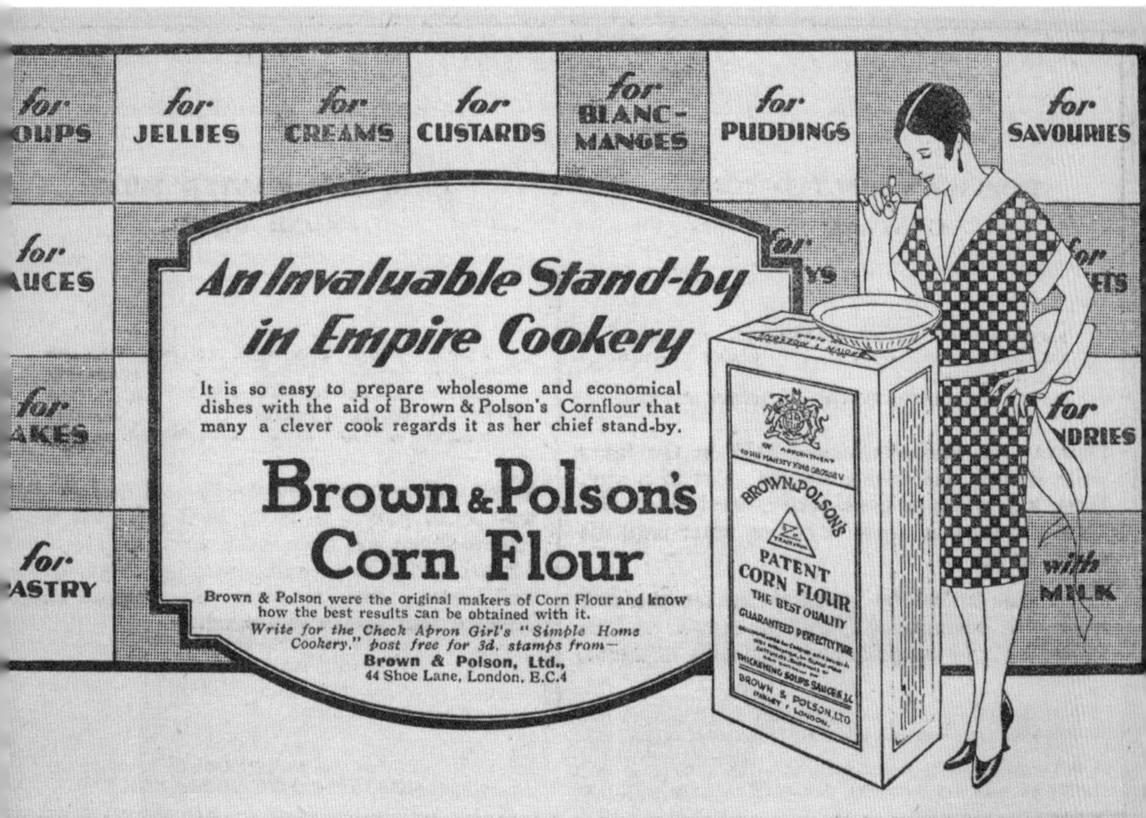

误地批评"法国肉汁"时所列举的理由完全一样。许多普通厨师既做不出正宗的法国调味酱，也做不出格拉斯所提倡的"稍微便宜一点、但依然非常昂贵且相当费时的替代品"。但是，他们还是可以向往这样的酱汁，而且，他们的确向往这样的酱汁。仅仅在几十年之后，你就会见到"浓稠而醇厚"的标准在英国和美国的饮食文化建设中大行其道。"面粉糊"一词最早是在 1793 年被提及的，出现在了梅农所撰写的法国烹饪书《法国家庭厨师》中的英译本中。浓稠成了财富和舒适的代名词：有了味道香醇的棕酱，就代表着能够坐在温暖的火炉旁度过一个又一个心满意足的夜晚。将浓稠和醇厚这两个概念等同起来，仿佛就见到了工业时代的巨头们叼着雪茄、戴着礼帽像一个个棕色的斑点一样从大街上穿过。在整个 19 世纪，烹饪书里不再有描述肉汁和其他调味酱料的本质特征的内容，而开始描写其黏稠度——像奶油一样浓稠、加入鸡蛋增稠、加入面粉勾芡、像面糊一样浓稠，等等。1899 年出版的一本非常受欢迎的烹饪书提到，如果番茄酱太稀的话，可以往里面添加些竹芋粉增稠。1841 年出版的英语周刊《笨

布朗 - 波尔森牌玉米粉的广告。出自马奎莱特・费登编著的《帝国烹饪大全》(1927 年)，这是一部为了鼓励消费来自大英帝国各地的农产品而编撰的图书。

Enjoy all you want

New Dream Whip is low in cost, low in calories–only 17 per serving. And so easy to mix–just add milk, vanilla, and whip. Comes in a box (big new double size or regular), stays fresh on your shelf, needs no refrigeration. Won't wilt, won't separate, keeps for days.

NEW DREAM WHIP

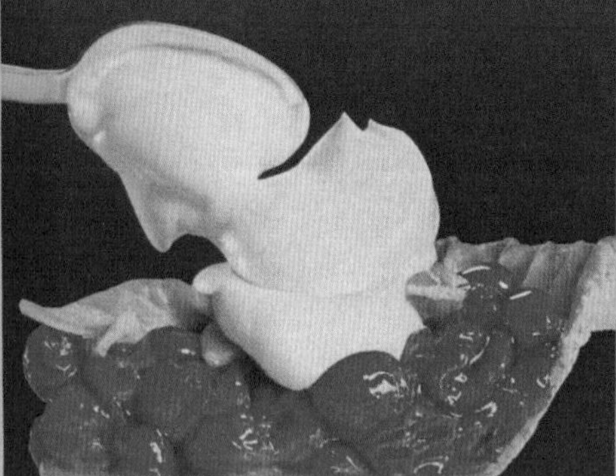

Light and lovely Dream Whip makes pies and puddings twice as fancy. And you can use it for days—stays fresh in the refrigerator.

Cherry Dream Cake is the easiest dessert ever! Simply layers of sponge cake... chopped cherries... and luscious new Dream Whip.

Snowy Pears—with Jell-O. Pear halves...soft Jell-O gelatin spooned on . . . and a mountain of Dream Whip. Added calories? Hardly any.

Dream Whip on anything costs so little. Like on gingerbread cake. You can heap it high with never a thought for the budget.

Tested by General Foods Kitchens. Jell-O and Dream Whip, trade-marks of General Foods Corp.

新款“梦想搅打奶油”永不过时（多亏了改良玉米淀粉和纤维素胶）。出自《美好家园》，1960 年 3 月。

JELL-O
BRAND
PUDDING and
PIE FILLING

VANILLA
FLAVOR
JUST ADD MILK
MAKES ONE PINT

BANANA
WAFER PUDDING
with that *matchless*
cooked-in flavor

Prepare pudding as directed on back of package. Chill. Arrange alternate layers of banana slices, vanilla wafers and pudding in a serving dish —finishing with a layer of pudding. Serve with whipped cream. It will be very easy to get the children in for dinner tonight. (And isn't this nice to know: you can create a whole extravaganza of different pies with this extraordinary package, too.)

You did it…

. . . with Jell-O Pudding and Pie Filling—*the one dessert* that never stops being different.

Jell-O is a registered trade-mark of General Foods Corp.

掺入黄原胶的效果。出自《美好家园》，1960 年 1 月。

拙》中用一个有几分绕口的笑话来形容肉汁的浓稠，大致是你即使在其表面像滑冰一样滑来滑去也不会陷下去。随着崇尚浓稠的风尚从肉汁扩展到了各种酱料和调味料，人们必须研发新的增稠方法。中下阶层已经完全接受了浓稠的理念，就像那是裹在他们自己身上的肉汁毯子一样，仿佛那就是他们越来越不可能实现的富足感和舒适感。

随着工业化的飞速发展，增稠的方法和模仿理想化肉汁的方法日益复杂。开始的时候，对于那些沉迷于黏稠食物的人们而言，新增加的淀粉种类和从国外进口的勾芡技术足以满足他们的需求。后来，比斯托出现了。这个颇受欢迎的英国肉汁颗粒品牌于 1908 年上市，用小麦和土豆淀粉作为增稠剂，并添加酵母粉以增添近似于肉味的谷氨酸风味。色拉酱、瓶装调味品以及近期非常流行的低热量肉汁和酱料，都需要添加某种增稠剂，而且这种增稠剂还必须具有乳化剂的功能，却又不会像淀粉那样分解成糖分。

自中世纪以来，许多树的汁液都曾被用作增稠剂和稳定剂。有个 16 世纪的著名食谱深受米歇尔 · 德 · 诺特达姆（1503—1566）的喜爱，这位法国的药剂师兼预言家被更多人称为诺查丹玛斯。该食谱推荐说，在用蔗糖制作甜点时，可以添加黄芪胶。直至现在，阿拉伯树胶仍被用于制作某些餐后甜点，瓜尔豆胶和刺槐豆胶等也是食品生产中经常使用的添加剂。然而，这些胶大部分要么因为难以获取而无法大量用于普通食谱，要么达不到预期的使用效果。

美国对增稠剂的需求似乎比其他任何地方更加迫切。20 世纪中叶，当苏联宇航员尤里 · 加加林在 1961 年进入热成层时，美国不仅在太空竞赛中，而且在增稠剂竞赛中也落了下风。俄国人很乐意在每样东西中加入酸奶油，但美国在黏稠度方面落后了一大截，这甚至使得战后的美国人丧失了希望和梦想。资本主义再一次拯救了美国：美国农业部插手了。

20 世纪初发明高汤块和马麦酱的目的是为了让买不起肉类食物的人也能吃到味道和肉类差不多的食物。同样地，增稠剂的研发也是为了给民众提供能够抚慰他们心灵的酱料，从而让他们的肉汁就像他们战后发福的腹部一样肥厚。20 世纪 60 年代初，在古巴导弹危机和把加加林送入热成层的火箭发射之后，美国农业部发现，一种名叫的“野油菜黄单胞菌”的植物病原菌会分泌一种多糖，而这种多糖经干燥之

冰箱广告。出自《美好家园》，1960 年 8 月。

后是一种非常棒的增稠剂和乳化剂。于是，20 世纪最了不起的产品之一，也是世界上用途最多的增稠剂——黄原胶——诞生了。这是否意味着美国赢得了冷战呢？对于这个问题，人们各抒己见，但总的来说，我会回答“也许吧”。

时至今日，这些胶和增稠剂与资本主义的发展进一步交织在一起，这一点绝不会令任何人感到惊讶。长久以来淀粉被用于纺织品制造业，现在也被用于制药、造纸和混凝土等行业。用瓜尔豆制成的瓜尔胶过去主要用来当作制作酸奶、浓汤和冰激凌的增稠剂（能防止含水的食物在冰冻时生成冰晶），但如今更有可能用于被简称为“压裂”的水力压裂过程之中，也就是将用瓜尔胶增稠的液体加压注入地下，从而把天然气和石油矿藏置换出来。西得克萨斯州西部种植了一大片瓜尔豆，这些植株将全部用于生产在水力压裂中使用的瓜尔胶。不过，迄今为止，印度仍然是全世界最大的瓜尔胶产地，每年向西方国家出口约 30 亿吨的瓜尔胶。到头来，殖民主义依然如故。

我们甚至已经再也觉察不到浓稠的存在。我们徜徉在浓稠之中：它就像矿井和铁路一样，俨然已经成为我们这个后工业社会的一部分。不过，万一哪一天，有人用一种奇怪的、快被噎死的声音问你，为什么我们所有的液体食物看起来都这么该死的浓稠，那么，你就可以这样回答他们：这说来话长啊。

（右页图）朗特里牌果冻的广告。出自《闲谈者》，1928 年 7 月 18 日。

ROWNTREE'S TABLE JELLY DELIGHTS
RUSSIAN CHARLOTTE
CHOCOLATE BLANCMANGE
JELLY MARLBOROUGH
RASPBERRY POMMES
The Rowntree Jelly Recipe Book, showing these and many other delicious dishes—all tested and approved by the "Good Housekeeping" Institute—will be sent free for a postcard to Rowntree's, York.
(T.5. Dept.)
CHOCOLATE BLANC-MANGE
Scald ½ pint milk. Mix one dessert spoon Rowntree's Elect Cocoa and 1 tablespoonful sugar with a little boiling water; bring to boil. Dissolve 1 Rowntree's Vanilla Jelly in ½ pint hot water. Add cocoa. When cool, gradually stir into ½ pint milk. Pour into wet mould. Leave to set.
RASPBERRY POMMES
Peel and core 3 or 4 large apples. Cook very gently in pie-dish, with enough water to cover and sugar to taste. Dissolve 1 Rowntree's Raspberry Jelly in water in which apples were cooked; add hot water to make up 1 pint. Place apples in glass dish, pour jelly over and leave to set. Decorate with jelly of another colour.
JELLY MARLBOROUGH
Dissolve 1 Rowntree's Jelly in ⅝ pint hot water; leave to cool. Trim sponge fingers to height of charlotte russe tin; brush their edges with white of egg; pack fingers tightly round mould. Whip jelly, when cold, to a sponge and pour into mould.
RUSSIAN CHARLOTTE
Dissolve one Rowntree's Jelly in ½ pint hot water. Line sides and bottom of a mould with jelly. When set, place finger biscuits round sides. Pour a little jelly into bottom of mould, decorating centre with angelica. When remainder is cool, whisk with ¼ pint milk and a little whipped cream. Pour into mould; leave to set.
10 Varieties
4½D. pint packet.
Rowntree's
TABLE JELLY
RASPBERRY

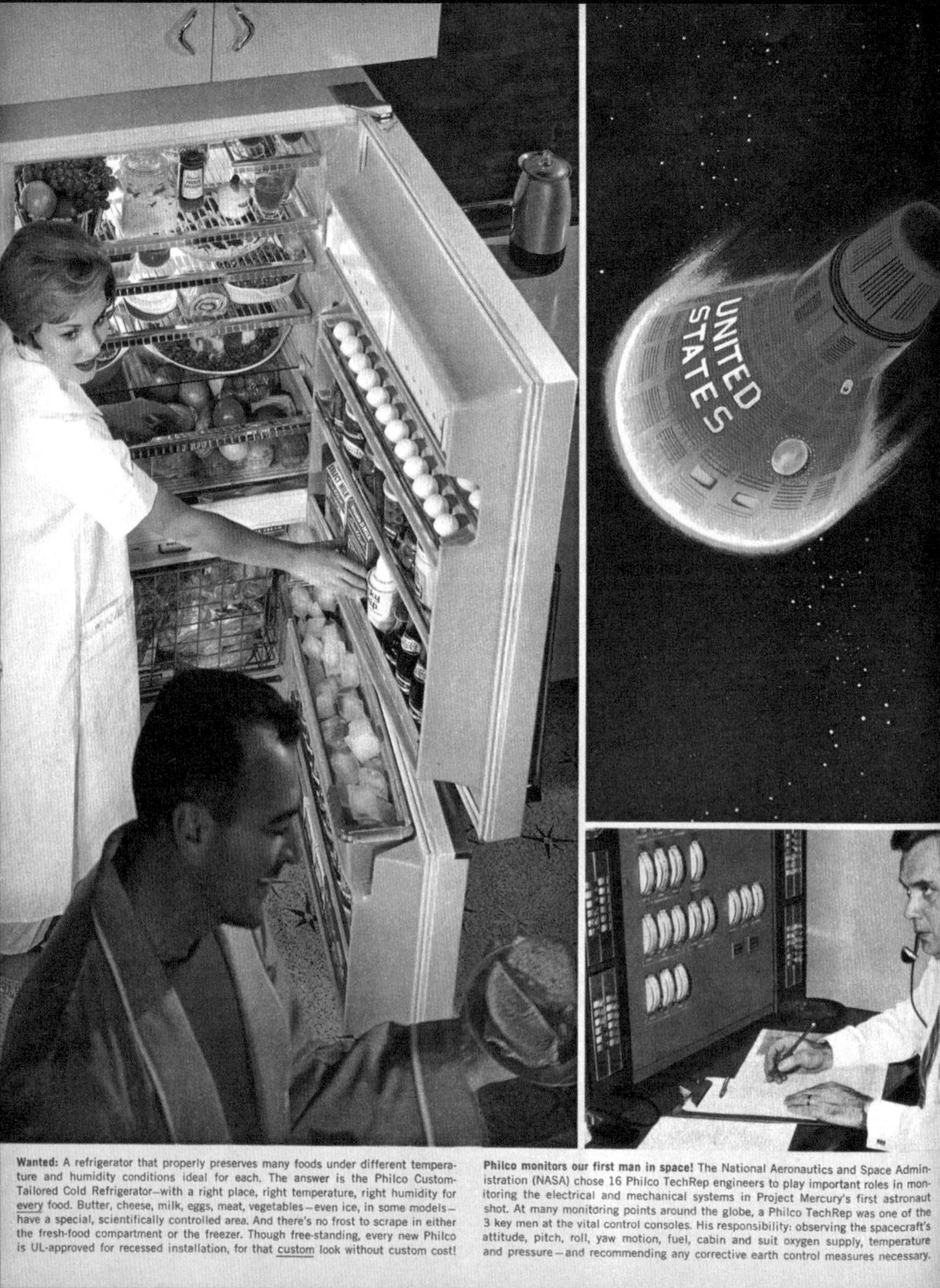

Wanted: A refrigerator that properly preserves many foods under different temperature and humidity conditions ideal for each. The answer is the Philco Custom-Tailored Cold Refrigerator—with a right place, right temperature, right humidity for every food. Butter, cheese, milk, eggs, meat, vegetables—even ice, in some models—have a special, scientifically controlled area. And there's no frost to scrape in either the fresh-food compartment or the freezer. Though free-standing, every new Philco is UL-approved for recessed installation, for that custom look without custom cost!

Philco monitors our first man in space! The National Aeronautics and Space Administration (NASA) chose 16 Philco TechRep engineers to play important roles in monitoring the electrical and mechanical systems in Project Mercury's first astronaut shot. At many monitoring points around the globe, a Philco TechRep was one of the 3 key men at the vital control consoles. His responsibility: observing the spacecraft's attitude, pitch, roll, yaw motion, fuel, cabin and suit oxygen supply, temperature and pressure—and recommending any corrective earth control measures necessary.

冷战时期的飞歌电器广告，其中包括冰箱、卫星和计算机。出自《瞭望》周刊，1961 年 7 月。

Рисунок И. СЕМЕНОВА.
СЛА
ПЕРВОМУ СО
СКОМУ КОСМОНАВТУ!
Ю. А. ГАГАРИН: — Полет продолжается нормально. Состояние невесомости переношу хорошо.
КРОКОДИЛ
№ 11 (1625)
ГОД ИЗДАНИЯ 39-Й
20 АПРЕЛЯ 1961

苏联杂志封面上的尤里·加加林形象。出自《鳄鱼》，1961 年 4 月 20 日。

12
3
2
1
4
5
9
8
7

1
2
3
3
12
7
6
5
11
5
10
8
9
10
13
13
14

1
2
3
3
4
4
5
6
6
6
8

其他图片说明

（此处页码为本书的自然页码）

p. 1 | 一个美食家的梦境。卷首画，出自格里莫 · 德 · 拉雷尼埃尔的《美食家年鉴》（1808 年）。

p. 2 | 女糖果商。出自《职业新装》（1735 年）。

p. 3 | 男厨师。出自《职业新装》（1735 年）。

p. 4 | 男糖果商。出自《职业新装》（1735 年）。

p. 5 | 女厨师。出自《职业新装》（1735 年）。

p. 6 ~ 7 | 不同种类的刀叉。出自温琴佐 · 切尔维奥的《切肉术》（1593 年）。

p. 8 ~ 9 | 装饰花卉的餐桌。出自比顿夫人的《家务管理手册》（1892 年版）。

p. 10 ~ 11 | 辣椒。出自巴西利乌斯 · 贝斯勒的《艾希施泰特的花园》（1613 年）。

p. 12 | 凤仙花等。出自巴西利乌斯 · 贝斯勒的《艾希施泰特的花园》（1613 年）。

p. 236 | 渔夫。出自《职业新装》（1735 年）。

p. 237 | 女面包师。出自《职业新装》（1735 年）。

p. 238 | 男咖啡师。出自《职业新装》（1735 年）。